图解金属加工
Metal Working

[美] 技能学院出版社（Skills Institute Press） 编

丁成钢　译

机械工业出版社
CHINA MACHINE PRESS

本书以图解的形式，较为系统、详尽地介绍了金属加工方面的实用性知识，包括钳工基础、工具的使用和工作区的设置、钣金与切割技术、金属的铸造、焊接和锻造以及表面处理和修复等方面的工艺技术。

本书可供相关从业人员和金属加工爱好者参考，也可作为中等职业院校相关专业的教学参考书。

北京市版权局著作权合同登记号：图字 01-2020-3023 号。

图书在版编目（CIP）数据

图解金属加工 / 美国技能学院出版社编；丁成钢译 . —北京：机械工业出版社，2024.2

书名原文：Metal Working

ISBN 978-7-111-74592-1

Ⅰ .①图⋯ Ⅱ .①美⋯②丁⋯ Ⅲ .①金属加工 – 图解 Ⅳ .① TG-64

中国国家版本馆 CIP 数据核字（2024）第 009300 号

机械工业出版社（北京市百万庄大街 22 号 邮政编码 100037）
策划编辑：吕德齐 责任编辑：吕德齐 王彦青
责任校对：郑 婕 张 薇 封面设计：马精明
责任印制：单爱军
保定市中画美凯印刷有限公司印刷
2024 年 4 月第 1 版第 1 次印刷
190mm×210mm・5.5 印张・209 千字
标准书号：ISBN 978-7-111-74592-1
定价：89.00 元

电话服务 网络服务
客服电话：010-88361066 机 工 官 网：www.cmpbook.com
　　　　　010-88379833 机 工 官 博：weibo.com/cmp1952
　　　　　010-68326294 金 书 网：www.golden-book.com
封底无防伪标均为盗版 机工教育服务网：www.cmpedu.com

译者前言

本书翻译自美国技能学院出版社编辑出版的系列丛书 Back to Shop Class（《回到工艺课》）之一 Metal Working（《金属加工》）。原书由福克斯教堂出版公司在北美出版发行（2010 年首次出版）。

众所周知，金属加工改变了世界，在现代生活中，人们更需要通过学习，去了解和掌握金属加工方面的基础知识和实用技能，这对践行"工匠精神"的重要性是不言而喻的。正是在这种背景下，机械工业出版社组织了对 Metal Working 一书的翻译工作，根据图书的形式定名为《图解金属加工》。本书较为系统、详尽地介绍了金属加工方面的实用性知识，包括钳工基础、工具的使用和工作区的设置、钣金与切割技术、金属的铸造、焊接和锻造以及表面处理和修复等方面的工艺技术。书中所涉及的知识较为丰富且通俗易懂。本书可供相关从业人员和金属加工爱好者参考，也可作为中等职业院校相关专业的教学参考书。

我的同事——大连交通大学李军文教授和王大勇副教授对第 3 章的锻造部分和第 4 章的内容进行了核校，硕士研究生李怀舟、马亮对全书文字进行了整理，在此译者一并表示感谢！

由于受译者的专业知识范围和水平所限，翻译中难免出现差错，敬请读者和专家批评、指正。

译　　者

目　录

第1章 钳工基础

无论是门廊栏杆、铰链，还是锄头刀片，金属都因其硬度和强度而备受推崇，它可以承受负荷、快速或慢速腐蚀的工况。

在精炼、冶炼或轧制的过程中，金属的化学成分可以改变，以适应其预期用途。含有微量碳的铁为低碳钢——一种可塑的材料，足以弯曲成铁轨或栏杆，或者足以延展，用于铺设电线或管道。碳含量更高的铁则成为工具钢——一种足够坚硬可用来切割、刺穿或研磨大多数其他金属的材料。类似的冶炼术可以进行其他金属材料的制造：铜与锡混合可制成青铜；铝与锰、铜和镁混合可制成韧性更好的硬铝合金。

在家里，你同样可以自由地改变金属的尺寸和形状，在某些情况下，甚至可以改变其物理属性。当然，用焊枪或熔炉将金属恢复到熔融状态时，会发生戏剧性的变化，但也可以在不加热的情况下完成许多操作。专用剪、冷凿、装有锯条的钢锯都可以快速切割冷金属。高速旋转的钻头很容易就能刺穿金属，还有一系列的人造紧固件，从微型抽芯铆钉到粗至手腕的机器螺栓，都可以用于连接。丝锥和板牙可以在金属上加工内外螺纹，成为自制紧固件。专门的夹具和弯曲工具（其中许多是自制的）有助于改变金属件的形状。

尽管可以轻松地撕裂、弯曲、穿孔和抛光，但金属终究是一种要求精度的材料，其错误很少能轻易纠正。在错误的地方钻的孔不能简单地恢复并重新钻孔。但是所需的精确度本身就是一种回报：精心制作的栏杆或支架可以持续使用足够长的时间，足以证明制作它所需要额外花费的时间是合理的。

高精确度

配有高速旋转钻头的钻床，使得在几英寸厚的铝板上钻孔变得很简单。使用C形夹具将工件固定在钻床的工作台上，可以在钻孔前精确地对准钻头，并在钻孔时防止金属旋转，从而实现接近 0.4%in（1in = 25.4mm）的公差。

1.1 基础知识：合金、特性、形状

车间用的金属有各种各样的类型、尺寸和形状。当购买这些金属时，它们当然又冷又硬，但所有这些金属之前都被加热到液态。当它们是液态时，根据精确的配方，将不需要的元素去除或与特定的新元素混合，从这些配方中得到的产品成千上万。金属制造商不仅提供纯金属，还提供多种合金，每种合金都有其独特的成分和性能。

有一种金属及其合金的使用非常普遍，因此被从其他金属中分离出来，这就是铁，元素符号为 Fe，源于拉丁语 ferrum。铁矿石约占地壳的5%（质量分

1

数），可用来制造熟铁、铸铁和各种功能的合金钢。碳含量最低的铁合金，实际上是一种低碳钢，通常将其错误地称为熟铁。真正的熟铁，实际上是纯铁，是很难找到的。铸铁比钢含有更多的碳，其质量分数通常为2%~4%。铸铁在模型中铸造，用于制造重型产品，如机身和发动机缸体，它既坚固又脆。

铁的主要合金是钢，这种合金最简单的形式被称为碳素钢，根据碳含量不同分为以下三类。

1）低碳钢，碳含量不到0.3%（质量分数）。它相对容易弯曲、钻孔和切割，可加工成各种各样的形状，使其更多地用于金属冷加工。

2）中碳钢，碳的质量分数为0.3%~0.6%，硬度较高，是许多车间工具（如锤子和夹具）的主要成分。

3）高碳钢，它是最坚硬的碳素钢，经过特殊的热处理可以降低其脆性，因此用它可以制成优质的切削工具。

除添加碳以提高钢的硬度，还可通过添加其他金属元素来改变其特性。例如，添加铬可使钢成为不锈钢，即具有耐蚀性；钒是一种韧性金属，可以防止钢变脆；钨具有很高的熔点，可用于生产在高温下使用的钢。

尽管钢早已形成一个庞大的金属家族，但自20世纪40年代以来，铝合金作为另一种合金而得到广泛应用。例如，通过添加铜、锌或锰使铝硬化并增强，铝合金比钢具有许多优势，它们不会生锈，它们的质量也更小，可以加工的形状和尺寸与钢一样多，并且易于弯曲、钻孔、切割和铸造。

铜及铜合金，尤其是黄铜和青铜，构成了第三类易加工金属。铜可以弯曲、切割和锤打，并以板、条、牌和线的形式出售。黄铜和青铜的耐蚀性优于纯铜，因此可制成家用铰链、栏杆和锁。

锌、锡、银和金等金属也进入了金属加工车间。锌和锡最常用作保护涂层，用于减缓钢铁的腐蚀。银和金的使用规模较小，主要用于制作珠宝。

尽管它们的质量不同，但许多金属和合金的外观却无法区分开来，故人们通过编号系统来区分它们。

美国汽车工程师协会（SAE）和美国钢铁协会（AISI）开发了一种用于识别钢材类型的精确系统。在该系统中，每种钢都有一个四位数的编号。第一位数字表示类型，1是碳素钢，2是镍钢，3是镍铬钢，依此类推。第二位数字通常表示主要合金元素的百分比，最后两位数字表示碳含量的近似百分比。例如，1020是一种碳质量分数约为0.2%的低碳钢；4130是一种钼钢，第二种合金元素（在本例中为铬）的质量分数为1%，碳的质量分数约为0.3%。

铝合金也有一个四位数的编号系统。第一位数字表示主要的合金元素，1几乎是纯铝，2是铜，3是锰，依此类推。后三位数字表示对合金的修改。

这样的识别码通常会印在金属材料上，但从传统上来说，许多供应商都使用颜色和数字来开发自己的个性化系统。在车间，各种合金应设计自己的代码并有条理地将其进行存放。

识别没有标记的金属一开始只是猜测，但可以通过某些测试来完善猜测。其中一种测试是检查磁性。除少数例外，如镍和某些不锈钢，黑色金属是具有磁性的，有色金属是无磁性的。

另一种测试是将金属压在砂轮上并检查火花。将这些火花与车间中已知零件产生的火花进行比较，可以作为一种较合理的（即使不确定）识别方法。通常，低碳钢会产生长而直的淡黄色火花流。随着钢中碳含量的增加，火花流变得更短、更饱满，并且包括微小的爆炸。铸铁发出红色的小火花，镍为橙色的微小火花，而铝等其他有色金属完全没有火花。

在组织良好的车间，识别金属很少会成为问题。金属原料应存储在地板上方的架子上，并按金属的类型与形状进行分类。

如果将手动工具放在工作台上方的重型固定板

上，则可以方便地使用。带有锁的钢制机柜，上方装有挂板，下方装有搁板，可以保护丝锥、模具和量具之类的重要设备。

工作台有两种类型——通用型和专用型。如果只有一个工作台的空间，可以选择标准木工工作台的变体，并将其设置为常规高度——约为 34in。如果

有足够的空间放置第二张工作台可以将其用于特殊任务，如焊接或锤击；为了舒适起见，可将其降低几英寸。

在工作台上应留出空间，以便放置你选择的金属加工台虎钳或弯曲装置，但如果你想要一个铁砧，则应计划将其安装在自己的支架上。

1. 通过外观和用途辅助识别（见表 1-1）

表 1-1 金属或合金的表面颜色、内部颜色、特性和主要用途

金属或合金		表面颜色	内部颜色	特性	主要用途
铸铁		暗灰色	银白色或灰色	硬、脆，缓慢生锈	发动机缸体、机器底座、壁炉设备、浴缸
钢	低碳钢	深灰色或铁锈色，可能有黑色鳞片	明亮的银灰色	柔软，可弯曲，易加工，快速生锈	熟铁工件、家具、栅栏、建筑装饰
	中碳钢	深灰色或铁锈色，可能有黑色鳞片	明亮的银灰色	硬且强度高，快速生锈	螺母、螺栓、轴、销
	高碳钢	深灰色或铁锈色，可能有黑色鳞片	明亮的银灰色	硬、脆，快速生锈	切割工具、手动工具
	不锈钢	干净的银灰色	亮灰色银色	坚韧，难以加工，不生锈或腐蚀	厨具、家具、相框、水槽
铝		灰色到白色，暗淡或明亮	银白色	轻、柔软，可塑性好，很容易加工或铸造	壁板、屋面、排水沟、防水板、汽车和船舶零件
铜		红褐色到绿色	亮铜色	柔软，易加工，是良好的导体	电线和水暖，黄铜和青铜的主要成分
黄铜和青铜（与锌或锡等金属结合的铜）		黄色、绿色或棕色	红黄色	柔软，可热加工或冷加工，铸造性能良好和易于抛光	船舶配件、建筑装饰、轴承

（续）

金属或合金	表面颜色	内部颜色	特性	主要用途
镍	深银灰色，一些为绿色	明亮的银白色	坚硬，耐蚀性好	电镀、合金
镍铜（蒙乃尔）	深灰色	浅灰色	强度、硬度大于镍，耐蚀性好	耐蚀结构
铅	蓝灰色	白色	很重且很软，有毒，耐蚀性好	保护衬里、钎料（含锡）、合金
锡	灰色	银白色	柔软，可塑性好，耐蚀性好	镀锌、合金
锡合金（锡、锑和铜）	灰色	白色	柔软，易铸造，现代锡器不含铅，无毒	餐具、装饰品
锌	蓝灰色	蓝白色	柔软但有脆性，耐蚀性好	镀锌、合金
银	暗灰色	亮银色	柔软，易于加工和铸造	餐具、装饰品、电镀、钎料
金	黄色	亮金色	柔软但坚韧，耐蚀性好，易于加工和铸造	珠宝、电子元件、电镀

金属或合金的特性和用途

　　表1-1左侧栏列出的是金属加工时可能会遇到的金属，包括纯金属、合金和其他金属的保护层。在右侧各栏列出了每种金属的表面颜色、内部颜色、突出的特性和主要用途，以帮助识别。

2. 形状及术语

满足各种需求的形状

　　金属坯料，特别是钢和铝，有许多标准形状，可以进行切割、螺纹加工、弯曲或连接。表1-2的左栏列出了最常见的坯料形状的横截面，右栏列出了它们的名称和测量方法。一些经销商也会接受定制的、挤压成形的各种形状的订单。

　　槽钢（铝）、工字钢和H型钢有两个平行的臂，称为翼缘，由称为腹板的垂直件连接。尽管在某些情况下，金属测量的惯例可能会使外行人感到困惑，但金属行业仍遵循以下术语：翼缘两端之间的长度称为翼缘宽度，而腹板的长度称为形状的深度。

　　表1-2为金属坯料的形状、名称和测量方法。

表1-2 金属坯料的形状、名称和测量方法

形状	名称	测量方法
L	角钢	腿长 × 腿长 × 厚度
	条状或带状	厚度 × 宽度（厚度为 1/4in 及更厚的为平板，宽度大于 12in 的为薄板）
U	槽钢	深度（腹板长度）× 腹板厚度 × 翼缘宽度
▬	平板	厚度 × 宽度（厚度小于 3/16in 的为带状或条状，宽度大于 8in 的为板状）
⬡ ⬢	六角形、八角形	宽度（从一边到另一边，不是角到角）
○	圆管或管道	外径 × 壁厚
□ ▭	方形管、矩形管	外部宽度（矩形管的外部高度）× 壁厚
I I	工字钢、H 型钢	深度（腹板长度）× 腹板厚度 × 翼缘宽度
▬	板	厚度 × 宽度（厚度为 3/16in 及以下的为薄板，宽度为 8in 及以下的为平板）
●	棒料	直径
▬	薄板	厚度 × 宽度（厚度为 1/4in 及更厚的为厚板，宽度为 12in 及以下的为条状或带状）
■	方料	宽度

3. 工作台——坚固和个性化设计

（1）表面铺有金属的木制工作台

用木头制作的金属加工工作台应非常坚固，台腿截面尺寸为 4in×4in，其台面由实木制成，厚度至少为 1½ in。为了保护台面，应购买长度为台面相同且比台面宽 2in 的 12 号薄钢板。沿钢板的前边缘向下弯曲 1in 的凸缘，然后沿后边缘向上弯曲另一个凸缘。用圆头螺钉将钢板固定在前边缘和背板上，这些螺钉穿过凸缘上的预钻孔。

薄钢板

（2）全钢工作台

全钢工作台特别适用于焊接。该工作台由
2in×2in×1/4in 的角钢制成，台面配有 1/4in 厚的钢
板。焊接在钢板下方的两根角钢支架起到了加固作
用，并作为角钢支腿一并焊接到其上的基台。将另
外四根角钢（其末端切成 45°角）焊接到支腿上，可
以支撑架子。焊接小块正方形钢板以形成工作台的
底座。

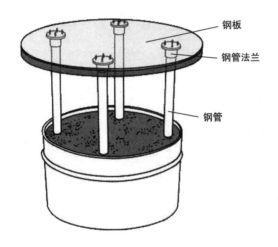

钢板

钢管法兰

钢管

（3）强大的迷你工作台

这种紧凑的重型工作台可以承受金属加工中遇
到的剧烈锤击。它的混凝土基座使工作台牢固地固定
并吸收振动。最上面一个厚度为 1/4in 的钢板，该钢
板用平头螺钉通过预钻的沉头孔固定在厚度为 1in 的
胶合板上。在胶合板的下方拧有 4 个钢管法兰，2in
镀锌螺纹管拧入法兰。下方是一个锯开的 55USgal
（1USgal = 3.78541dm³）容量的油桶，锯为 16in 高，
其中填满混凝土。镀锌螺纹管的另一端插在混凝土
中。为了舒适地锤击和弯曲冷金属，工作台的台面应
距离地面不超过 31in。

4. 选择台虎钳的建议

通用金属加工台虎钳

这种工具通常被称为机械师台虎钳，此工具必须
非常坚固。

以钢为主体的钳口面应为 4 ~ 5in 长的淬硬钢。
旋转底座可用于对夹钳中的工件进行定位。小型内置
铁砧可提供锤击表面。

将台虎钳用螺栓固定在工作台的左前角。为避免
在台虎钳钳口中损坏被夹持的金属件，应添加现成的
橡胶夹钳垫或自制的木垫、铜垫或铅垫。

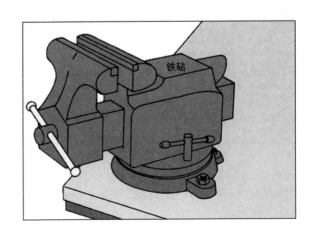

铁砧

5. 用于测量和标记的专用工具

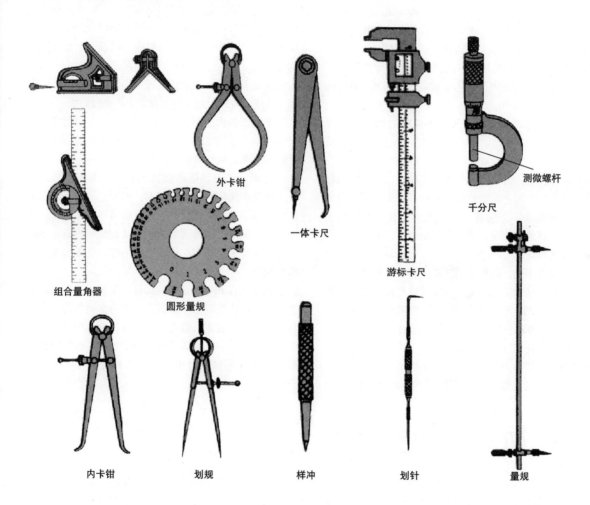

外卡钳

一体卡尺

测微螺杆

千分尺

组合量角器

游标卡尺

圆形量规

内卡钳

划规

样冲

划针

量规

像精细的木工活一样，精密的金属加工始于仔细的测量。金属原料的高昂成本和相对难以切割的特点使得第一次正确切割尤为必要。

除木匠使用的标准测量工具（钢尺和靠尺）以外，还有许多专门为金属加工设计的测量和标记工具。

组合量角器是一种特别通用的工具，它是木匠组合工具的一种变体。它具有三个可互换的头，可以将其安装在单个钢尺上。其中的一个用于标记 0° ~ 180° 的角度，第二个用于查找圆柱轴的中心，第三个用于检查金属拐角的直角。

由于不容易分辨出金属厚度的差异，因此金属量规（上图中圆形量规）也很有用。将金属片插入最合适的槽中，便可以确定该金属片的规格。通常，金属量规的一侧列出了规号，而另一侧则列出了以 in 为单位的厚度。两种使用最广泛的量规是用于黑色金属的美国标准量规和用于有色金属的专用量规（Brown量规和 Sharpe 量规）。

测量非常厚的坯料或形状不规则的物体时可以使用各种类型的卡尺。内卡钳和外卡钳与钢尺一起使用，可轻松测量宽度或直径。外卡钳的支腿在物体的外部轻轻拧紧，内卡钳的支腿安装在开口内，使用直尺测量卡钳尖端之间的跨度。游标卡尺结合了这两个功能，并包含一个内置尺。一体卡尺既有卡尺的功能，又有圆规的功能，可以用来划出一条平行于不规则边缘的线。

在金属车间，最精确的测量工具可能是外径千分尺。这种机械师工具用于测量厚度或直径，可精确到千分之一毫米。千分尺的钳口锁定在被测件周围，然后从两个刻度上读取读数，一个刻度在套管上，另一个刻度在围绕套管旋转的顶针上，工具臂上的第三个刻度将读数转换为几分之一英寸。

由于金属表面光亮而坚硬，因此即使标记清晰的切割线也会出现问题。普通的铅笔线通常是看不见的，尽管粉笔或黄铅笔适用于粗糙的工件，但它们产生的痕迹不精确且容易擦掉。在金属上刻划测量线或图案的更好的工具是划针，它可以在金属表面上划出细小的划痕线。要标记一个点，可使用高硬度钢冲子。用圆头锤敲击冲子，在金属上留下印记。要画出小圆圈和小弧线，可使用划规对工件的表面进行划线。

要划出较大的圆，最方便的方法是使用量规。其上的一个点是固定的，另一个点可沿杆滑动以改变点之间的距离，从而确定所需圆的半径。

对于某些有涂层的金属坯料，如镀锡或镀锌钢板，建议不使用这些划痕技术，因为它们会暴露出下面的金属层，使其腐蚀。要在这些材料上做标记，首先在坯料上涂一层薄薄的钢染料或硫酸铜溶液。在这些有色涂层上轻轻划出清晰可见的线，而金属本身则不被刻划。

用于测量和标记金属的工具似乎无穷无尽，而且整套工具的价格可能非常高昂。要为车间组装一套可行的工具包，首先，要有一把钢直尺和直角尺、一套组合量角器、一个金属量规、划针、冲子和划规；然后，当具体项目需要更专业的工具时，再根据需要购买。

1.2　切割成合适的尺寸

一种主要因其抗切割、断裂和弯曲而备受赞誉的材料如此容易冷加工，这似乎是矛盾的。然而，借助精细的加工工具和适当的加工技术，金属的冷加工是完全可行的。

对于诸如低碳钢等常用金属，基本的尺寸加工程序为锯、凿和锉。

钢锯可能是最熟悉的金属切割工具，也是最有用的工具之一。它的钢制锯条可切断大多数金属。一把钢锯能够切割厚度为其锯条长度 1/3 的金属。

常用的钢锯条具有硬化的锯齿，并且由钼、碳或钨合金钢制成。选择锯条的关键因素是每英寸的齿数和齿的排列方式——它们在切削刃上所成的角度。

为了有效切割，钢锯条至少两个齿必须始终与金属的边缘接触。如果金属太薄而无法在其边缘上保持两个齿,将其夹在两片薄胶合板之间进行切割。

为了安全起见,无论金属硬度多高,都应避免施加过大的压力。太大的压力会导致锯条卡住或从切缝中滑出,这两种情况都是危险的。

许多电动工具可适于切割金属。电动马刀锯、曲线锯和带锯可以安装特殊的黑色金属锯片。它们是用于切割的出色工具,但价格高昂。

靠近台虎钳的钳口。将锯条放在切割线处,轻轻拉动锯条,直到锯条咬入边缘。然后用双手沿线切割,在向前的冲程上施加轻度、均匀的压力,在返回的方向上不施加压力。让锯条完成作业,请勿在每次切割时都锯得太深。在切割即将结束时,用一只手支撑废弃金属,以防止其粘结。缩短最后几个切割行程,直到没有废弃金属为止。

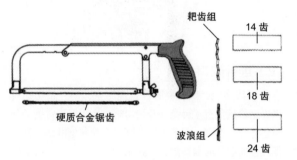

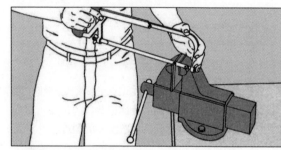

装备精良的钢锯

钢锯的可调 C 形框架可容纳 10in 或 12in 长的锯条。

钢锯条每英寸有 4~32 齿不等。通常,具有 4~16 齿的用于硬度小的金属,这些金属会堵塞带有细齿的锯条。粗齿锯条通常有一个耙齿组,它们的齿成一条直线,两侧交替弯曲。上图中的 14 齿锯条和 18 齿锯条都有耙齿组。细齿锯条通常具有波浪组。它们的齿弯曲成缓和的弯曲线,如此处所示的 24 齿锯条。这种波浪组会产生较宽的切缝,以防止刀片粘结。

1. 用钢锯进行直线切割

(1) 切割窄条

将金属坯料夹在台虎钳中,划出的切割线垂直并

(2) 沿纵向的边缘切割

将金属坯料夹在台虎钳中,切割线处于竖直位置。调整锯条方向,使锯齿向下,锯架保持水平,在这个位置,随着切口的加深,锯框不会成为妨碍物。以横向方式开始切割,然后在切割接近完成时,用一只手支撑废弃金属。

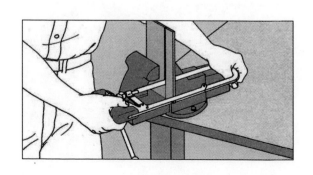

2. 用钢锯锯成的缺口

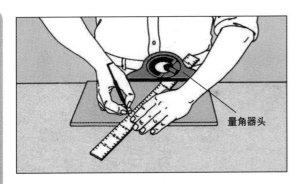

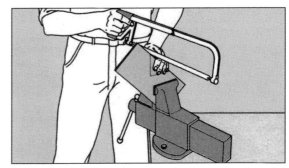

量角器头

（1）标记相交的对角线

使用组合量角器和划针在切口处标记切割线。要找到线条，先用样冲和圆头锤标记缺口的顶点。然后用组合量角器的量角器头设置所需要的角度，并将其头靠在金属坯料的边缘，金属坯料的边缘应稍微伸出工作台的边缘。沿原料边缘滑动组合量角器，直到标尺与缺口顶点相交，划出第一条切割线；将量角器头调整到缺口另一侧所需要的角度，如有必要进行更改，再重复此标记过程，划出第二条切割线。

（2）进行缺口切割

将待加工的原料夹紧在台虎钳中，使一条切割线靠近钳口且垂直于台面。开始切割时，用拇指将锯条侧面稳定住，否则，锯条可能沿倾斜边缘向下滑动。锯齿锯入金属后，向前切割，直到到达顶点。在台虎钳中移动原料，以使另一条切割线靠近钳口。然后转动砧座，使另一条切割线垂直于台面，并以相同的方式进行操作，再次稳定锯条，直到锯齿锯入金属。当靠近交叉点时，用一只手支撑 V 形废弃金属并缩短切割行程。

3. 用钢锯切割出一条曲线

（1）标记曲线

在曲线所需的半径处放置划规，并使用样冲和圆头锤确定曲线的圆心。将划规的固定点放在圆心的凹口中，然后用一只手松开划规的顶部，将第二个点轻轻地在金属表面上摆动。确保划规在金属面呈直立状。用足够的压力划出可见的曲线。

用台虎钳夹住待加工料，将切割曲线放置在台虎钳的钳口附近。这样一来，在切割时，就不会摇摆。

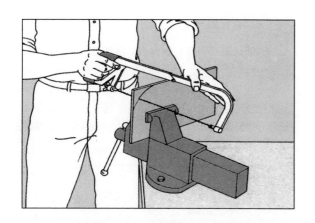

4. 各种冷錾削

实际上，没有一种钢锯能够处理所有工况的金属切割。例如，从金属板中心进行的切割通常超出了钢锯的范围，因为锯的框架会挡住它们。对于此类作业，必须使用不带框架的钢锯或錾子。錾子具有坚硬的切削刃和硬度较低的钢制手柄，旨在吸收圆头锤的冲击。

有四种常见的錾子，其形状根据用途而有所不同，它们的宽度为1/8～1in，且长度不一。

为了安全和高效，必须保持錾子的锋利，并将其切削刃打磨成60°～70°。

使用錾子时，要格外小心，要用护目镜保护眼睛。手套可以防止毛刺和锯齿状边缘伤手，但可能会降低处理金属薄板时的灵活性。更好的预防措施是在切割任何金属后立即清除毛刺。金属加工锉刀用于此目的。

为了提高效率，金属锉刀必须保持清洁。每过几下锉削后，在工作台上敲击锉刀以清除其金属颗粒，并在锉刀齿被堵塞时用锉刀清洁刷彻底刷锉。

（2）用硬质合金锯条切割

用两只手将锯条放置在切割线的废弃料侧，然后将锯缓慢向前推动。重复此行程，直到锯条的整个宽度都埋入待加工料中，并开始每个切割行程。缓慢地来回切割，并沿着弯曲的切割线均匀、轻柔地施加压力。如有必要，要重新夹紧原料，以使切割区域由台虎钳的钳口支撑。

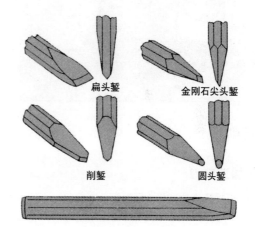

扁头錾　　　　金刚石尖头錾

削錾　　　　圆头錾

（1）四种类型的錾头

冷錾不仅可用于切割金属坯料，还可用于雕刻其表面并精修其边缘。最常见的錾头是扁头錾，具有平坦的楔形尖端，它用于粗加工，分割金属棒以及剪断螺栓或铆钉的头部。削錾也是楔形的，可以磨削到更窄的尖端。它用于切割楔形凹槽或通道。圆头錾的尖端非常圆，这对于使凹槽或凹口的内角变圆以及切槽很有用。金刚石尖头錾用于凿成方角和切割金属中的细线。

（2）剪切金属

用台虎钳夹住金属坯料，使切割线在钳口顶部上方并平行于钳口。戴上护目镜，然后将扁錾头紧靠坯料一端的切割线，并以30°的角度倾斜。用圆头锤用力敲击錾子。在随后的切割中，将錾头稍微朝着前一个切割方向旋转，以使錾头起楔子的作用进行切割。反复敲打錾子，使其沿着台虎钳的顶部逐渐移动。

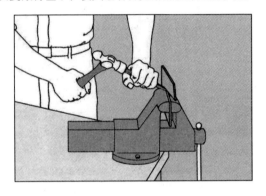

（3）制作方形缺口

用钢锯锯开缺口的侧面后，将坯料平放在金属板上或金属工作台上，并用扁头錾切开缺口的底部。保持錾子直立，将錾头与切割线的一端对齐，然后用圆头锤轻敲。重复此过程以刻划整条线，一次移动錾子一点。当整条刻划线完成后，再从一端开始，这次用较大的力敲击切断金属。

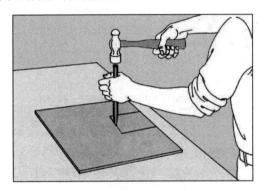

5. 锉削

金属加工锉刀

除了具有各种形状（尾纤状、磨盘状、半圆状和三角状）外，锉刀还可根据其切割用途和表面粗糙度进行分类。锉刀的锉面是指锉刀表面有沟槽形状的一面。单刃锉刀具有平行的对角线沟槽，它们非常适合精细锉削。具有十字形沟槽的双刃锉的锉削量是单刃锉的2倍。弯齿锉具有深而宽的沟槽，锉齿呈弧形排列。这些锉刀非常适合加工硬度较小的金属，如铝。在表面粗糙度方面，锉刀的范围从用于表面粗糙沟槽修整的粗加工的粗锉刀，到通常使用的中细锉刀，再到用于精修的平滑锉刀。锉刀长度范围为3～20in。对于一般用途，建议使用8in、10in和12in的锉刀。

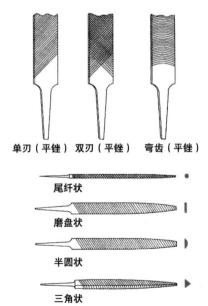

单刃（平锉） 双刃（平锉） 弯齿（平锉）

尾纤状

磨盘状

半圆状

三角状

6. 金属锉削技术

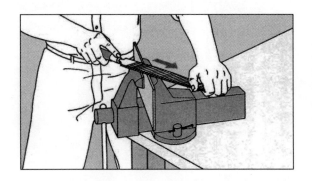
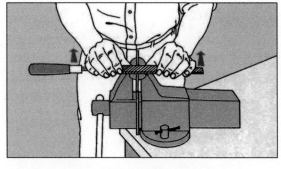

（1）交叉锉削

　　用台虎钳夹住金属原料，金属边缘尽可能靠近钳口顶部。将锉刀斜放在金属边缘，并用另一只手引导锉刀，同时推动锉刀的手柄。为了轻松锉光，将锉刀头放在拇指和食指之间，要快速地锉，且应全神贯注于锉刀之上。仅在向前的行程上施加压力，然后提起工具以返至下一个行程。要平稳、有规律地作业，避免摇摆锉刀或将金属边缘切碎。

（2）拉丝锉削

　　将金属原料按上述方式固定，用两手抓住锉刀，相距几英寸。保持锉刀垂直于原料并与要平整的表面齐平。从原料的另一端以平滑、均匀的速度拉动锉刀。

　　在行程之间微微移动锉刀，以便始终在锉刀干净的表面上作业。如果锉刀的沟槽被堵塞，应停止作业，并用锉刀清洁刷进行清洁。

（3）锉削内角

　　将原料夹在台虎钳中，其位置可使双手舒适地作业。将三角形锉刀的一面靠在内角的一侧，向前推动锉刀，将其从内角移开。锉刀具有平滑的前进轨迹，每次都将锉刀返回到起始位置，每次磨平角的一边。避免压入角内，因为压力可能会使角度变形。注意保持锉刀的表面垂直于要磨平的边缘。

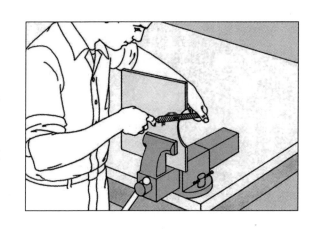

（4）锉削曲线

用台虎钳夹住原料，钳口垂直于弯曲边缘。用半圆形锉刀的圆形面抛光边缘。用拇指和食指抓住锉刀的两端，拇指在上，顺着向前的行程进行曲线锉削，使锉刃向前移动时顺时针旋转一半。尽可能频繁地在台虎钳中转动工件，使其平滑、均匀。

1.3 用电动磨削机成形

为了使金属边缘成形并使焊接接头平滑，电动磨削机（台式砂轮机或便携式角磨机）必不可少。台式砂轮机是修整硬质金属拐角并去除切割边缘毛刺的理想选择，它是小型钢铁物体成形的更好选择。便携式角磨机可很好地平整大面积的扁平金属，尤其是焊缝周围。但是对于有色金属，由于台式砂轮机的砂轮会夹带此类金属的碎片并将其抛回人的身边，因此必须使用配有金刚砂盘或专用铁质砂盘的便携式角磨机。

使用任意一台电动磨削机，都应遵守以下安全预防措施：如果被磨削的金属边缘开始变蓝，就要停止磨削，因为这意味着金属存在过热危险，要频繁地用水冷却工件。牢固地夹紧金属，尤其是在台式砂轮机上磨长的物体时。在便携式角磨机中，必须保持两个重要的安全功能：点动开关（放开即可关闭机器）和双绝缘或三插脚接地插头。

1. 将方角转化为曲线

（1）标记曲线

在要磨削的金属上划出所需的弧形后，在其上钻孔使弧形更明显。

使用样冲和圆头锤，每隔约 1/8in 冲一个标记点。

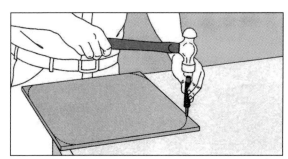

（2）研磨曲线

　　将原料的直角放在砂轮半径外缘，并与垂直于工作台的切线距离不超过 1/8in。开启砂轮机后，将金属放在专用支架上，并使方角与砂轮的表面轻轻接触。以较大的半圆周运动缓慢旋转拐角，使金属在砂轮上连续来回地移动。

　　为确保获得正确的半径，请勿在钻孔线之外打磨，应不停地用水冷却，防止过热。

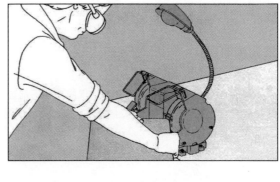

2. 在台式砂轮机上磨出斜边

（1）管子倒角

　　打开砂轮机后，将管子与砂轮呈锐角放置。将需要倒角的管端底部放在支架上，并在砂轮旋转时使一侧边缘与砂轮接触。顺时针缓慢旋转管子。作业时，要频繁地用砂轮机水箱中的水冷却管子。

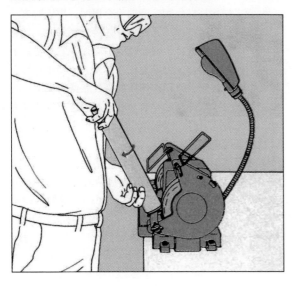

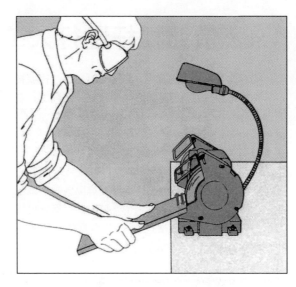

（2）把平边倒角

　　将支架设置成所需的角度，打开砂轮机后，将金属放在支架上，并使边缘轻轻抵住砂轮。

　　当作业时，将边缘在支架上左右滑动。用量角器检查角度，并频繁地用水冷却边缘。

3. 使用便携式角磨机修整焊缝

使用角磨机

将焊接的薄板用夹子固定在工作台上。

打开便携式角磨机，倾斜磨片，仅使磨片的前边缘接触焊缝。轻轻地将磨片滑过焊缝，以消除不平整面并抛光金属表面。

1.4 借助杠杆进行人工弯曲及扭转

尽管金属本身强度较高，但还是可以通过机械杠杆作用在不加热的情况下将金属弯曲到一定程度，它甚至看起来比加热后还要好弯。例如，金属冷加工制成的曲线（如楼梯栏杆的螺旋形扭曲）更趋于平滑，因为金属的热加工比其冷加工更容易扭结。

几乎所有的金属都可以弯曲，但较易弯曲的金属更容易加工。高硬度金属弯曲时更容易断裂。低碳钢、铝和铜是最常见的易冷弯的金属材料，通常可以条状、圆形或方棒状弯曲。所有要冷弯的金属带厚度不应超过 1/4in，宽度不超过 1½ in，但直径为 3/8in 的金属棒却是可弯曲的。

用于水暖和电气工程或家具的细管也可以冷弯。为避免急剧弯曲致使其管壁塌陷或卷曲，应使用铝管、铜管或钢管（如电线管），其壁厚不得超过 1/16in。对于成形硬度小的铜管，一组直径为 1/4 ~ 5/8in 的弯管弹簧很有帮助。这些 1ft 长的弹簧紧贴在管子的外部，沿着弹簧的长度分布弯曲力，以防止管子扭结。对于非常坚硬的管道，应从电器供应商店租用弯管器。这种易于使用的夹具可形成高达 90° 的金属钝形角。

为了增加杠杆作用，弯曲冷金属时，应该购进一把管钳；如果要拧而不是弯曲，需要一对管钳。如有必要，应用美纹纸胶带覆盖金属，以保护它不受扳手扳齿的损害。另外，为增加杠杆作用，应使用各种直径大小的金属管，以用作弯曲的杆、条或管上滑动的延伸件。对于弯曲卷轴，有一种带有固定销的特殊夹具，当施加压力时，固定销会夹住金属带；或者也可以制作专用夹具。

为了在模型上进行冷弯，并平整凸起和弯曲，锤子就派上了用场，它们的质量从轻至 2oz（1oz = 28.3495g）圆头锤到 3lb（1lb = 0.45kg）重的手锤不等。在易于操作的条件下，尽量使用质量大的工具。要始终确保戴好厚手套以保护双手。

1. 简易角度弯曲

（1）做简易弯曲

　　用刮锥刀或三角锉刀，标记弯曲线。如果弯带的长度必须精确，则要考虑弯曲本身的因素。弯曲使带材底侧缩短、顶部变长（最大可达金属厚度的一半）。用台虎钳夹住金属，使折弯线与台虎钳钳口的边缘对齐，然后将钢条的自由端拉向自己。为了增加杠杆作用，将2ft长的套管套在钢条的自由端，然后拉动套管。

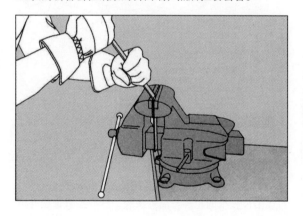

2. 在模板上绘制曲线

（1）螺旋的设计

　　要设计螺旋，首先建立一个基线，该基线将成为螺旋的最大直径。找到基线的中点，然后使用圆规（或钉子、细绳和铅笔）绘制半圆。找到半圆直径的中点，用第二个半圆继续画螺旋线，使其直径变成第一个半圆的半径。依此类推，直到画出所需的匝数。

（2）做方角

　　松开折弯的金属并将其在台虎钳中向侧面旋转，将圆角支撑在台虎钳夹钳上，然后，用锤子在拐角处敲击金属，以形成90°的折弯。

　　为了形成锐角（小于90°），将金属从台虎钳中取出，并重新夹紧。在金属的自由端套上一根套管，然后将其拉向台虎钳。用量角器检查角度，并根据需要向任意方向弯曲金属。

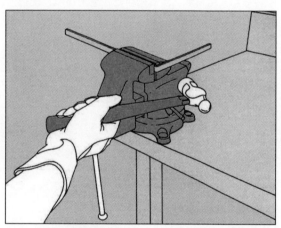

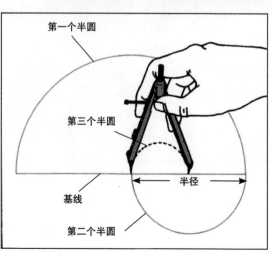

第一个半圆

第三个半圆

半径

基线

第二个半圆

（2）放大小草图

使用一张 1/4in 的网格纸，绘制要规划的金属形状的小草图。测量所绘制草图的最长尺寸，并将该数字除以放大草图后的最长尺寸，就得到了大草图与小草图相比的比例。用 1/4in 除以此比例即可得到大草图所需的网格尺寸。将大网格画在厚包装纸上，然后在大网格纸的相应方格上逐格重新绘制小草图的每个部分，将小草图转移到大网格纸。然后用粗记号笔来描画，使得大图样的曲线顺滑。

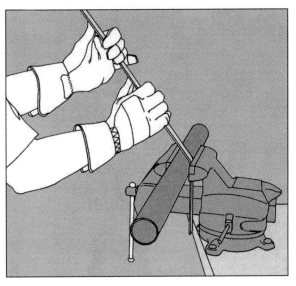

3. 曲线和卷轴的手工成形

（1）曲线成形

将金属带或杆切成所需的长度，要确定此长度，可以沿模板纸的轮廓弯曲一条线，然后拉直该线并进行测量。使用模板，找到曲线的起点和终点，并用铅笔在工件上标记这些点。

用台虎钳将工件夹在钳夹和管道之间，台虎钳的外径与弯头的内径大致相同。然后弯曲金属，直到其形状与模板匹配。要获得更长、更平缓的曲线，可在多个位置连续弯曲金属，并在每次弯曲时将金属向下送入台虎钳。

（2）完成螺旋

要将金属带的末端弯曲成螺旋，在台虎钳中夹住一个特殊的弯曲夹具，然后在夹具的销钉之间滑动金属带。销钉应放置在靠近金属带的孔中。将金属带穿过夹具，弯曲金属带使其与模板上的螺旋形状相匹配。

可以将3/8in的低碳钢棒弯曲成U形来制作螺旋弯曲夹具。为此，首先将杆端弯曲成锐角，然后用台虎钳将U形支脚挤压，以完成弯曲。在支脚之间留一个间隙，该间隙等于要弯曲的金属带的厚度。用钢锯从夹具上切下多余的杆，当将1in的U形端部夹在台虎钳中时，夹具的端部应比金属带高1¼in。

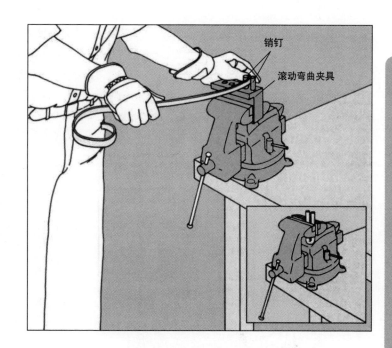

销钉

滚动弯曲夹具

4. 如何在冷轧带中进行对称扭曲

使用管钳进行杠杆作用

剪断金属带或杆，使其至少比所需的最终长度长1in，然后用台虎钳夹紧一端。用两个大的管钳在自由端上形成一个扭转手柄，将其紧紧地夹在金属上，两管钳方向相反，手柄垂直于金属带。

为防止金属刮擦，在拧紧管钳钳口之前，先用胶带将其垫好。

慢慢旋转管钳，直到沿金属长度方向逐渐均匀分布扭曲为止。用钢锯将金属切割成所需的长度。

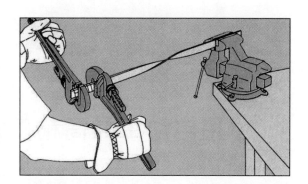

5. 管子和导管无扭结弯曲

（1）使用弯管弹簧

如果使用的是薄壁管（壁厚小于 1/16in），计算弯曲的位置，并用铅笔在管上标记端点。然后将管子滑入弯曲弹簧的扩口端，将其拉出，选择紧贴要弯曲区域的弹簧。用手按住铅笔标记处，并弯曲管子。

或用台虎钳夹住一端并向下拉，以使其弯曲。通常，弯管不应小于 90°，尽管很细的管子可以弯成更小的角度而不会扭结。抓住喇叭口拉出弹簧。

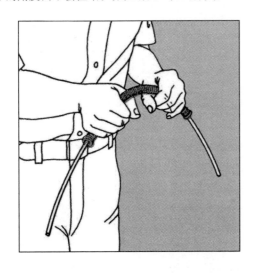

（2）使用弯管器

标记弯曲的起点和终点，将管子放在地面上，然后将管子的一端插入弯管器中。将标记的起点与弯管器上的箭头对齐。脚踩踏板并拉动手柄。可以将金属以 45° 或 90° 弯曲 6in（插入）的距离，水平仪指示管道弯曲的角度。如果使用的弯管器未配备水平仪，则将手柄拉到垂直位置以进行 45° 弯曲，或将其与地面成 45° 角，进行 90° 弯曲。

对于复合弯曲，进行第一个弯曲后从弯管器上卸下管道。将弯管器倒过来，使其手柄放在地面上。插入管道，使箭头与第一个弯曲的末端对齐，然后向下拉管道以形成第二个弯曲，可能需要一个帮手来稳定弯管器。

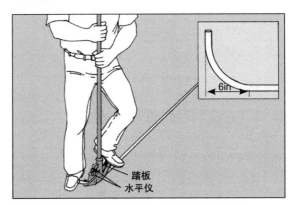

踏板
水平仪

1.5 用电动工具高精度钻孔

通常需要在金属上钻孔，以安装紧固件和其他需要精确开口的机械零件。尽管普通的手电钻足以满足其中一些需求，但更专业的作业选择的工具是钻床，它将强大的变速电动机与安全的钻头结合在一起，可以改变钻头的转速。这样，可以改变钻头的力矩或切削力以适应所加工金属的硬度。

制作的孔的大小和形状都取决于使用的钻头。用普通的麻花钻头加工出一个直的（但有时不精确）孔。麻花钻头是一种尖头的金属圆柱体带有一个螺旋形的容屑槽，螺旋形地旋转至钻头的杆身。麻花钻头钻入金属，将切屑带到容屑槽中并从孔中排出来。在诸如铝或铜之类的硬度小的金属薄板中，这样的碎屑通常会使所钻的孔粗糙。对于这些金属，可以使用钣金钻头，该钻头的侧面有两个切削凸缘。

大多使用高速钻头在金属上钻孔。这种钻头由坚硬的钢制成，直径范围从不足 1/64in 到最大 1in。尺寸以不同的方式标注：如 A ~ Z 的字母和线规尺寸（mm、in 或数字）。

要制造大于 1in 的孔，可以在钻床上安装孔锯——带齿的圆柱体，可以切割最大直径为 6in、最大深度为孔锯本身 2/3 的孔。也可以使用开孔器制作浅孔，以隐藏螺栓、铆钉和螺钉等紧固件的头部。

对于最大精确到 1½ in 的孔，需要在钻孔后对孔进行扩孔。扩孔可以用手或机器完成。手动铰刀是直的钻头，具有 4 个或更多的纵向切削刃，当旋转铰刀时，它们会逐步削掉孔内部的金属。

使用可调节的手动铰刀，但其精度不如固定尺寸的铰刀高。机用铰刀安装在钻床中。

每次钻孔时，都需要使用特殊的金属切削液，以减少摩擦并在旋转时冷却钻头。还需要夹子和台虎钳，以将工件精确地固定在所需位置，并防止其脱落。标记要钻孔的位置，应使用样冲在钻孔点上打一个小凹痕。所有这些用品可以在大多数五金店中找到。

如果不需要钻床的精度，则可以使用重型手电钻——易于运输到作业现场。除非它是变速钻，否则在金属加工时只能通过反复按下电钻扳机来控制速度。

1. 用于金属加工的钻床和钻头

钻床分为全尺寸立式和立柱较短的台式两种，它包括一个可调节的工作台，以及一个将旋转的钻头降低到金属中的电动主轴和卡盘。头部装有一个通过四级带轮和传动带连接到主轴的电动机。

钻头被卡盘夹紧。钻头通过进给手柄降低，操作员可以通过设置限深器或通过升高或降低工作台来控制孔的深度。主轴在套筒内，不使用时缩回头部。

有两种钻头适用于金属。一种是用于钻削厚度超过 1/4in 的金属的高速麻花钻头。它有一个钻柄；一个称为容屑槽的螺旋槽，可将钻出的金属从孔中带出；钻体上直径减小的部分称为空刀（靠近钻柄的部分）；容屑槽的边缘为刃带；螺旋的平坦面称为刃背。另一种是金属片钻头，它可以在薄金属孔的周围切割出干净的边缘，从而防止了金属的任何撕裂。

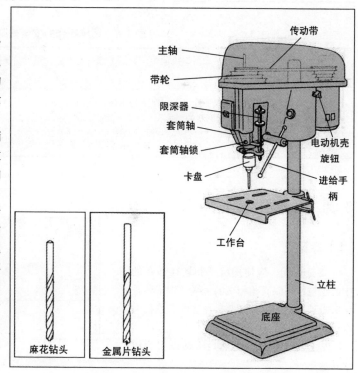

麻花钻头　　金属片钻头

传动带
主轴
带轮
限深器
套筒轴
套筒轴锁
卡盘
电动机壳
旋钮
进给手柄
工作台
立柱
底座

2. 选择合适的钻削速度（见表 1-3）

选择最有效的钻削速度，以 r/min 为单位，方法是在左侧列中找到孔的直径，并在右侧列中找到要钻的金属。这些数字是近似值，可能与钻床制造商所建议的速度不完全一致。通常，钻头越小，金属硬度越低，所需的速度就越快。

表 1-4 为钻床操作的安全规则。

表 1-3　不同材料的钻削速度

直径 /in	铸铁、硬钢钻削速度 /（r/min）	低碳钢钻削速度 /（r/min）	铝、黄铜、青铜钻削速度 /（r/min）
1/8	2100	3050	6500
1/4	1100	1500	4600
1/3	700	1000	3150
1/2	500	750	2300
1	250	400	1000

表 1-4　钻床操作的安全规则

由于其旋转钻头的力量，钻床可能很危险。如果工件没有夹紧，可能会被旋转的钻头卡住并飞走，在钻孔时工人的衣服可能会缠到钻头上
为防止事故发生，切勿用双手握住正在作业的工件；使用至少两个 C 形夹具将工件固定在工作台上。特殊的钻床夹具非常适合用来固定小的或不规则形状的物体
为了安全起见，应卷起袖子并塞进衬衫。使用钻床时切勿戴作业手套，手套的松散织物可能会卡在钻头中

3. 为工件精准钻孔

（1）标记孔

要标记孔，应使用尺子和划针在孔的中心绘制两条以直角相交的短线。为了防止钻头滑移，使用样冲和圆头锤在中心点打一个小凹痕。

确定需要的钻速，然后将钻设置为以该转速运行。

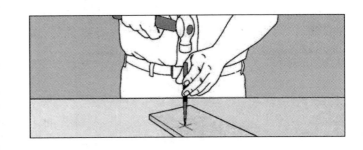

（2）调整钻速

拧开电动机外壳旋钮，打开传动带护罩并释放带轮上的张力。要更改速度，根据钻床铭牌上或用户手册中列出的速度等级，将电动机框架向前推动，并将传动带从一个带轮滑至另一个带轮。在带轮的最低层获得最低的速度，传动带环绕在最小的电动机带轮和最大的主轴带轮之间。相反，当带环绕最高带轮旋转时，将获得最快的速度。

确保传动带在带轮之间水平，然后将电动机推回其原始位置并拧紧电动机外壳旋钮。

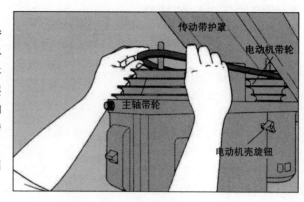

（3）钻孔

将钻头放入卡盘并拧紧卡盘。将钻头降低到工件旁边，然后将深度限位器旋转到校准后的限位杆上的所需位置，以调节孔的深度。将钻头抬到刚好足以在其下面滑动工件的位置，并用套筒锁夹住钻头，这样就可以将要钻的孔正好定位在钻头的下方。用 C 形夹具夹好工件。

松开套筒锁并闭合钻床的电源。在先前打好的凹痕上滴一滴切削液，拉动进给杆并开始钻孔。施加均匀的压力，使用刷子收集并去除切屑，并在作业时添加更多的切削液。烟雾可能会开始从钻孔中飘出。如果是这样，松开进给手柄并检查金属屑的颜色。

它们应该是银色或淡黄色。如果它们是蓝色，则说明金属过热，应添加更多切削液或降低钻床的转速。孔钻完后，慢慢松开进给手柄，然后断开电源。

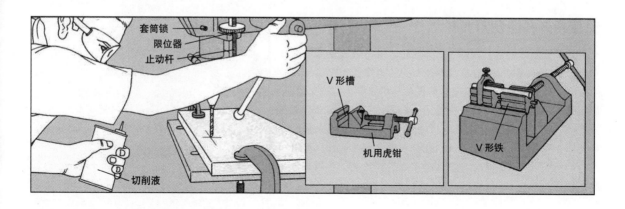

4. 便携式手电钻的精度

（1）控制钻头

用台虎钳或工作台夹住工件，然后在切断电钻电源的情况下，将钻头的尖端放入待钻孔的凹痕处。要扩大凹痕，用手旋转卡盘几次，同时按下钻头。施加切削液，闭合电源，然后用左手握住电钻主体，同时用右手推动电钻，以加快钻削的速度。如果可能的话，在钻头旁边放一个直角尺，以帮助垂直对准钻头。如果不使用变速钻，则通过反复扣动和释放扳机来改变速度。当到达孔的底部时，减轻压力。欲从孔中取出钻头时，应让钻头继续旋转。

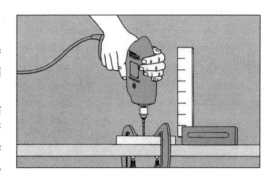

（2）校正中心

使用錾子和圆头锤在从偏心孔的中间到所需中心的位置开槽。如果金属硬度较低或孔的直径小于1/4in，用半圆錾子刮擦凹槽。然后使用凹槽将钻头的尖端引导回所需的中心。注意：这仅适用于带有尖头的麻花钻头，不适用于以侧边切割的金属片钻头。

5. 使用开孔器切割大孔

将开孔器安装到其心轴上，然后将心轴拧紧到钻床的卡盘中。对于不超过1in的孔，将钻头的转速降低为建议转速的一半；对于较大孔，将其转速降低到尽可能低。切割孔时，使用额外的切割液。为防止在使用开孔器切割时金属片破裂或弯曲，将工件夹在两片1/2in的胶合板之间。使用大号的开孔器在胶合板上切出大于计划在金属上钻孔的通孔。将工件对准钻头下方，并将整个组件固定在工作台上，然后在金属上开孔。

孔锯
心轴

定向钻头

6. 螺钉头孔

　　要加宽孔的顶部以容纳锥形螺钉头，将锥形沉头钻头安装到钻床或手电钻的卡盘上。以尽可能慢的速度钻孔，并充分使用切削液。钻孔时，通过在孔上安装一个倒置的螺钉头来检查孔的周长，这两者应该完全匹配。这样当螺钉就位时，它将与金属表面齐平。要插入螺栓头，用比螺栓头大 1/16in 的沉头钻头钻一个圆柱形孔或沉孔。将孔挖得足够深，以便螺栓就位时，螺栓顶部与金属表面齐平。

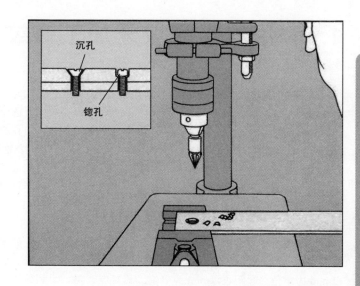

沉孔

锪孔

7. 孔的精加工——铰孔

　　如果打算用铰刀来获得更高的精度，那就钻一个比完工时直径小 1/16in 的孔。要使铰刀对中，用锪孔钻去除孔的毛刺。选择合适尺寸的手动铰刀，拧紧扳手手柄，将丝锥和板牙扳手连接到铰刀上。

　　用切削液润滑孔，将铰刀插入孔中，然后顺时针方向旋转铰刀，在轻微的压力下缓慢且均匀地作业，直到不能移动为止。然后将铰刀从孔中拧出，仍然将其顺时针旋转。

　　用钻床铰孔时，使用螺旋槽机用铰刀。装上机用铰刀，并以尽可能慢的速度用铰刀精加工孔。

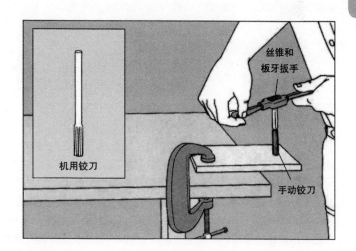

丝锥和板牙扳手

机用铰刀

手动铰刀

1.6 用丝锥和板牙加工螺纹

加工螺纹曾经是一门手艺，每个工匠都使用自己设计的工具加工螺纹，这意味着几乎没有螺纹零件可以互换。如今，螺纹是用标准尺寸的高碳钢丝锥和板牙进行加工的。丝锥用于加工内螺纹，板牙用于加工管子和杆的外螺纹。

当外径小于1/4in时，丝锥和板牙上标有量规号，与机器螺钉的量规相对应。例如，一个冲压成8-32NC的丝锥将为8号机器螺钉加工螺纹，粗牙螺纹每英寸的牙数为32。1/4-28NF的螺纹表示外径为1/4in的每英寸牙数为28的细牙螺纹。

在使用米制度量的系统中，名称略有不同。外径以mm为单位，螺距也以mm为单位，其对应于美国国家标准的每英寸螺纹数。此外，每个米制丝锥或板牙都有一个1~3的等级编号，表示配合的紧密度，1级是松散的，3级是紧密的。在该标准中，贴合度类似于粗牙螺纹和细牙螺纹，它们在精细作业和不太精细的作业之间进行了区分。

当要加工螺纹以匹配现有螺钉、螺栓或螺母上的螺纹时，需要使用螺距规测量紧固件上的螺纹参数，以便选择正确的丝锥或板牙。

在加工内螺纹之前，必须先钻出实际的孔。此孔必须与丝锥尺寸匹配，且必须使用特殊的丝锥钻头制成。

大多数螺纹钻孔装置都包含一个螺纹钻孔图表，以帮助选择合适的钻头。这些图表在五金店有售。例如，需要一个29号钻头的孔才能容纳8-32NC的丝锥。

如果以前从未使用过丝锥或板牙，应在一块废金属上练习。加工干净、精确的螺纹的关键是使用锋利的丝锥和板牙，如果需要润滑，要保持工件平整以及必要的润滑。加工螺纹时，使用直角尺作为保持螺纹平直的基准；当用板牙加工时，应使用板牙上的导轨。加工钢、铜、青铜或铝时，应使用适当的切削液充分润滑工具和作业区域；加工黄铜和铸铁时不需要润滑剂。

1. 螺纹的轮廓

（1）连续切割工件

内螺纹或在棒和管的外部加工的外螺纹具有自己的特殊命名。它的外径是整个螺纹上的最大跨距。该尺寸决定所使用的丝锥或板牙的直径。

内径，对于外螺纹也称为齿根直径，是整个螺纹上的最短直径。它确定丝锥钻头的尺寸，丝锥钻头直径应略大于根直径。牙顶是由螺纹的两个倾斜侧面形成的峰，牙根是底部的谷。牙型角是倾斜侧面的角度，在美国国家螺纹标准中，该角度始终为60°。螺距是螺纹两个牙顶之间的距离。通常以分数表示每英寸牙数，例如每英寸具有8个牙的螺钉的螺距为1/8in。

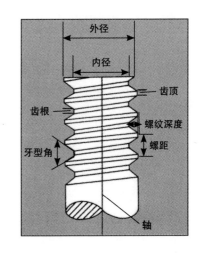

（2）加工螺纹的工具

用于在孔内加工螺纹的标准丝锥有四种样式，每种样式都针对特定目的而设计。用于开始攻螺纹过程的锥形丝锥称为起始丝锥，其切削刃从顶端向后逐渐变薄，距离为 5 ~ 10 个牙。柱形丝锥在三四个牙后逐渐变薄，提供更大的切削面。没有锥度的平底丝锥用于将螺纹加工到不通孔的底部。一种特殊的管螺纹丝锥，直径比标准丝锥宽，用于穿过管道内部，沿其长度切削刃逐渐变薄。它加工的是锥形螺纹，用于管道之间的紧密配合，以输送水、蒸气或气体（电气导管和连接器螺纹的管塞是直的）。管螺纹有外径和 NPT 标识（美国国家管螺纹标准）。丝锥用丝锥扳手转动——小丝锥用 T 形扳手，大丝锥用板牙架。

板牙通常有六角实心和可调圆形两种。可调板牙上有一个裂口，可以通过螺钉调节宽窄，以便在给定的尺寸范围内进行微调，这便于重新套螺纹时松开和夹紧。在板牙的一侧，开口略大于一个或两个螺纹的宽度，这样在开始加工时，板牙可以牢固地固定在杆的末端。

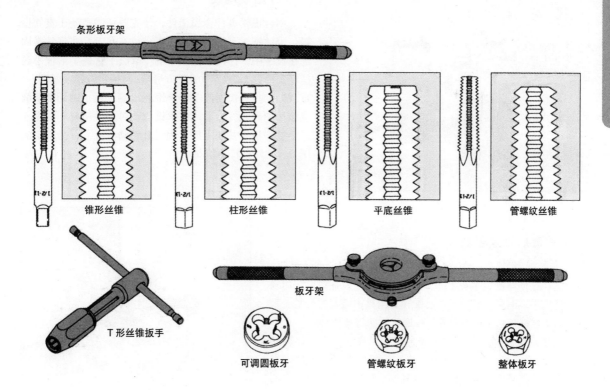

条形板牙架

锥形丝锥　　柱形丝锥　　平底丝锥　　管螺纹丝锥

T 形丝锥扳手

板牙架

可调圆板牙　　管螺纹板牙　　整体板牙

（3）匹配螺纹的简单方法

为了确定螺纹孔与螺栓或螺钉相匹配的合适丝锥尺寸，将螺距规的不同刃口靠在紧固件的螺纹上，直到一个切削刃适合。印在切削刃上的数字是每英寸的牙数。然后用卡尺测量螺纹的外径。这两个数字结合起来表示特定螺栓或螺钉的正确丝锥尺寸。

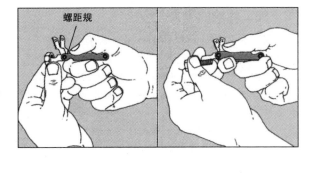

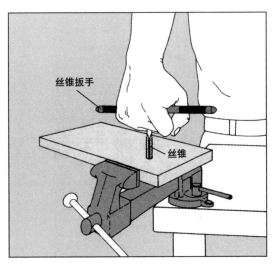

2. 用丝锥攻螺纹

（1）开始攻螺纹

用台虎钳夹住金属工件，使先前钻的孔处于直立位置。用丝锥扳手将锥形丝锥直接放在孔上。要将丝锥固定在扳手中，拧松卡盘或手柄（取决于它是 T 形扳手还是杆式扳手），插入丝锥的方形端；将扳手拧紧在丝锥上，直到固定。将切削液喷在丝锥的末端，用小刷子将切削液涂抹到孔中。然后，在丝锥与孔对齐的情况下，用一只手抓住扳手并向下压，顺时针转动丝锥。保持稳定的压力，把丝锥转一整圈。

（2）检查螺纹是否对齐

剪完第一根线后，在离丝锥大约 1in 的一端放一个直角尺，固定它，这样丝锥扳手在下一个 1/4 圈时会碰到直角尺。用双手抓住扳手，退后一步，沿着丝锥和直角尺，检查丝锥是否垂直。如果丝锥和直角尺不对齐，拧松丝锥并将其拉直。

当确定丝锥和直角尺在第一个位置对齐后，将丝锥旋转 1/4 圈，再将直角尺移动 1/4 圈。再次沿着它们观察，以确保丝锥是直的，必要时再次调整。重复这个过程两次以上，直到丝锥转完一圈，并在每 1/4 圈都和直角尺对齐。

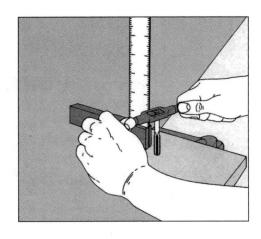

（3）完成攻螺纹

当丝锥正确对准后，继续缓慢、稳定地将其拧入孔中，不要使用压力，一旦接合，丝锥通过其自身的攻螺纹动作被拉入孔中。每转两圈后，将丝锥向后转 1/4 圈或半圈，以折断切削刃上的金属屑。

如果锥形丝锥变得难以转动，将其退回并更换为柱形丝锥。在将新丝锥放入孔中之前，务必润滑孔和新丝锥的末端。攻完螺纹时，小心地退出丝锥，以免切屑损坏螺纹。

对于不通孔，用平底丝锥完成攻螺纹。按照锥形和柱形丝锥的螺纹拧入平底丝锥，直到它接触到孔的底部，立即停止转动，然后小心地将其收回。

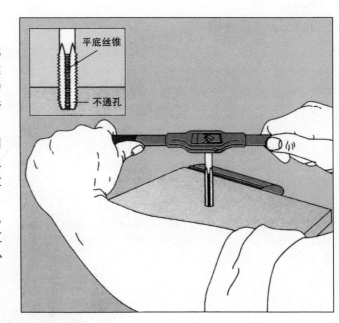

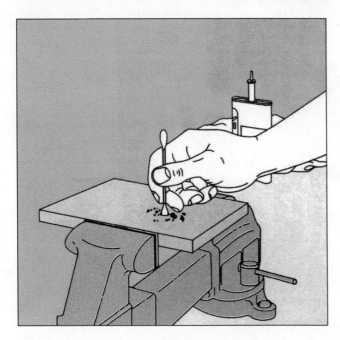

（4）清理金属碎屑

清理金属屑时戴上护目镜，将屑从孔中轻轻吹出并从工件表面吹下来。用喷了切削液的棉签清洁孔，并用蘸有切削液的布清洁工件上所有残留的金属屑。

3. 用钻床找正丝锥

用C形夹具将金属工件夹紧在钻床工作台上，将预钻孔直接放在钻床卡盘中心的下方。将固定中心柱——一根尖头金属棒插入钻床卡盘。

将锥形丝锥插入T形丝锥扳手的卡盘，并将其放入预钻孔中。降低钻床卡盘，直到固定中心柱位于丝锥顶部的凹槽中心，如有必要，重新定位工件。无须检查丝锥是否对齐，因为钻床会自动对齐。抓住扳手手柄，顺时针转动，使其攻螺纹。一旦开始攻螺纹，抬起钻床卡盘，拿掉固定中心柱，手动完成攻螺纹。

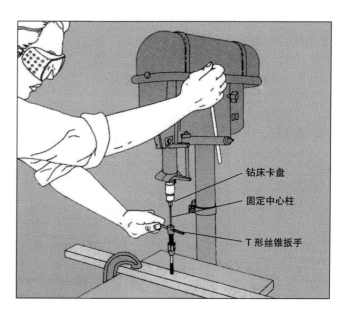

钻床卡盘

固定中心柱

T形丝锥扳手

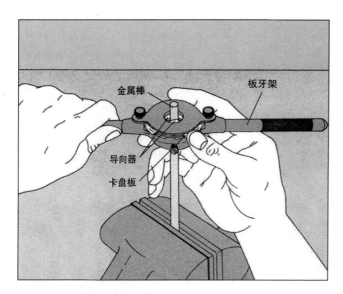

金属棒

板牙架

导向器

卡盘板

4. 用板牙给金属棒套螺纹

（1）调整板牙架

用台虎钳夹紧待加工螺纹的金属棒。松开板牙架上的两个导向螺钉，这两个螺钉将卡盘板和导向器固定到位。顺时针转动卡盘板以打开导向器。将卡盘板放在金属棒上，滑动卡盘。逆时针旋转卡盘板，直到导向器接触到金属棒。稍微张开导向器，刚好能把板牙架从金属棒上取下来。然后再次拧紧两个导向螺钉，将导向器固定到位。

（2）将板牙插入板牙架

　　握住板牙架，卡盘向下，松开板牙架侧面的紧固螺钉。将板牙插入凹槽中，板牙的锥形端面朝下，靠在导向器上，然后拧紧紧固螺钉。

紧固螺钉

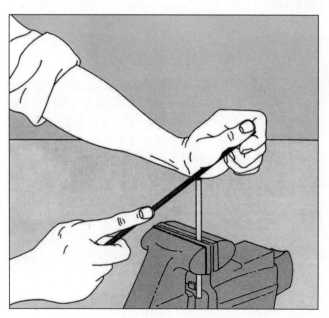

（3）给金属棒倒角

　　为了让板牙紧紧地抓住金属棒，使用10in的半圆中粗度的锉在金属棒的边缘锉出斜面。抓住锉的两端，以大约30°的角度握住它，将它拉过金属棒的边缘，尽可能地保持整个边缘的角度。

（4）开始套螺纹

在想要套螺纹的终点处划一个记号，即标记将要套螺纹的长度。将金属棒夹在台虎钳中，板牙放在金属棒上，导向器底部与金属棒顶部对齐。转动卡盘，直到导向器能紧紧地抓住金属棒，然后拧紧螺钉。靠近板牙握住板牙架，用力向下压，同时顺时针转动板牙架开始套螺纹。

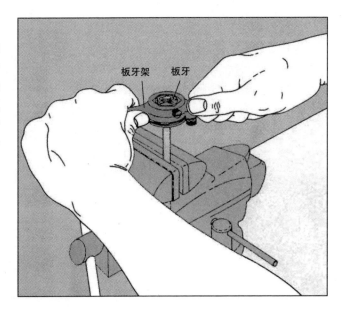

板牙架　板牙

（5）完成套螺纹

将手移到板牙架的边缘，持续平稳地套螺纹，每转两圈后退1/4圈到半圈，以切断金属碎片。当导向器到达螺纹末端的标记时，将板牙缓慢地从金属棒上退下。翻转板牙，将其放回杆上，并剪掉标记之外剩余的螺纹。清理所有金属碎屑。

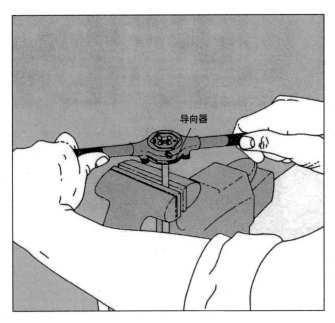

导向器

1.7 工厂制造的紧固件

当金属零件有可拆卸需求或太厚而无法铆接时，固定它们的标准方法是用螺栓或螺钉拧入螺纹孔中。这些螺纹紧固件由多种金属（钢、黄铜和铝）制成，有些具有特殊处理的表面，如氧化物涂层，可以防止腐蚀。它们的大小取决于直径和长度，长度不包括头部，椭圆头和平头螺钉除外。螺纹紧固件也根据制造它们的金属的强度分等级。

机械螺栓的尖端较钝，开槽螺栓的头部带有开槽。一般来说，螺栓用于较重的工件，并且工件可以从两侧接触；它们和螺母一起使用。螺钉适用于较轻的工件，只能从工件的一侧接触到。它们可以与螺母一起使用，也可以不与螺母一起使用，六角头带帽螺钉始终与螺母一起使用。

当连接螺栓和螺钉时，应使用正确的工具。

螺栓和螺母应使用扳手而不是钳子拧紧。应当使螺钉和开槽螺钉用螺钉旋具拧紧，旋具的刀口应紧紧地贴在顶部的槽中。

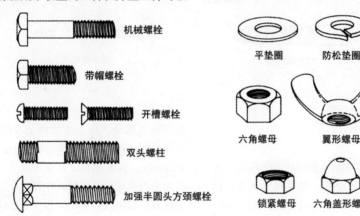

机械螺栓

带帽螺栓

开槽螺栓

双头螺柱

加强半圆头方颈螺栓

平垫圈　　防松垫圈

六角螺母　　翼形螺母

锁紧螺母　　六角盖形螺母

1. 金属加工螺栓、垫圈和螺母

重型装配中使用的机械螺栓具有六角头或方形头，常见尺寸为直径 1/4 ~ 1/2in、长度 1 ~ 6in。它们用于连接两块金属，其中只有一块是带螺纹的。带帽螺栓类似于机械螺栓，并且具有相同的尺寸，但它们可沿整个主体拧紧。它们用于固定两个有螺纹的金属件，以实现紧密配合。开槽螺栓比机械螺栓和带帽螺栓小，有圆头和沉头之分，通常直径为 1/8 ~ 5/16in，长度为 3/8 ~ 3in。它们可用螺钉旋具拧紧和松开。如果希望拆卸时只卸下一个零件而不从另一个零件上卸下螺栓，则可使用双头螺柱将两个零件固定在一起。双头螺柱的中间无螺纹，尺寸与机械螺栓相同。用于将金属连接到木头的加强半圆头方颈螺栓，其圆头在柄的顶部并带有方形套环，与机械螺栓尺寸相同。

普通与螺栓配合螺母是六角形的，因此可以用扳手拧紧。六角盖形螺母可盖住螺栓的一端。翼形螺母适用于经常拆卸的零件。锁紧螺母比较薄，可以将螺栓和螺母锁定在适当的位置。它也可以单独使用以实现紧密但又可调的配合。螺母的直径与螺栓的直径相同。普通垫圈有两种——平垫圈和防松垫圈，它们也都有标准尺寸。防松垫圈用于压紧工件和螺母。

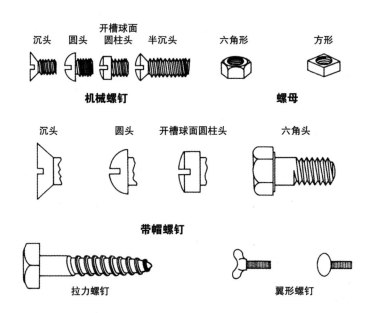

2. 金属加工螺钉

机械螺钉具有四种不同的头部样式——沉头、开槽球面圆柱头、圆头和半沉头。常见尺寸为 8 ~ 14 号，它们的直径为 3/16 ~ 5/16in，长度为 1/2 ~ 4in。有时与它们一起使用的六角螺母和螺栓的螺母类似，但要小一些，方形螺母也常有使用。带帽螺钉只有部分杆部有螺纹，用于连接两个零件，其中只有一个零件具有螺纹孔。它们的直径为 1/4 ~ 1$\frac{1}{2}$ in，长度为 1/2 ~ 6in。翼形螺钉，在需要经常拆卸零件时使用，其大小与机械螺钉相同，并且具有扁头或翼形头。拉力螺钉，也叫拉力螺栓，有一个螺栓类型的头，但是螺纹像螺钉，用于连接金属和木材。它们与加强半圆头方颈螺栓的尺寸相同。

第 2 章　钣金与切割

金属轧制成薄板后，仍保持很高的强度。其厚度用标准规格号表示比直接用英寸表示更方便。金属板材有很好的耐久性：现代金属屋顶的钢板蒙皮厚度通常小于 1/60in，可以承受 25 年或更久的风、雨、冰雹和雪的工况。这种板材易于切割和成形。金属板材的加工方式很有启发性：板材是用纸样成形的，用剪刀切割，并把接缝连接起来。这些术语说明其像纸或布一样具有易加工性。

由于板材很容易切割、折叠和弯曲，它面临的挑战在于构件的展开：将可视化三维物品，如浴缸、抽油烟机或喇叭形风管，在二维空间展开、铺平，以便能在一片平整的金属薄板上画出适当的形状。

镀锌钢（覆有一层薄薄的锌以防止生锈）是这一古老工艺的现代产品，它起源于大型钢铁厂的熔炉和轧钢厂，涉及复杂而又引人注目的过程。

在铁被提纯并与精确数量的碳制成钢的熔炼过程中，液态金属会缓慢冷却并凝固。重达 10t 的钢坯在白热状态下通过一系列的轧制程序。在 $2200 \sim 2400°F$（$1°F = \frac{5}{9}K$）下，钢的塑性足以承受反复的轧压，最终将其厚度减小至 1/16in。在酸浴中对热轧薄板进行清洗，然后在巨大的压力下进行冷轧，使其变成更薄、更硬的钢板，厚度可达 1/80in。这种非常薄的板材常用于住宅建设。

为准备镀锌，冷轧薄板要在热酸和冷水中交替浸泡 3~4 次。将钢加热到与一桶熔融锌相匹配的温度，然后浸入。当锌膜冷却时，它的晶体结构使钢表面闪闪发光。

2.1　加工通用材料的第一步

轻质金属薄板（轧制得足够薄，可以用手动工具成形的金属）是家庭装修项目中最通用的材料之一。它可以覆盖建筑物的屋顶和侧墙，还可以制成排水沟、泛水板、管道系统和排气罩。它可以卷成圆柱体，折叠成盒子，并根据金属种类用于制作装饰性和实用性的物品。

不锈钢和铜的薄板因其光泽而著称，铝则以质量小和耐蚀性好而备受推崇，镀锌钢板——镀了一层锌以防止锈蚀钢板，因其成本低廉且易于加工而备受赞誉。镀锌钢是大多数家装工程的首选金属。

所有金属薄板的厚度最大为 1/4in，在这一厚度范围内，金属板材被称为薄板，但厚度的测量标准体系会有所不同。不锈钢和镀锌钢的测量值以英寸的小数部分或规格号表示，该规格号基于美国钢板和铁板的标准系统，规格号越小，厚度越大。

铝的厚度也以英寸的小数部分来表示；铜通常按质量分类，以 oz/ft^2（$1oz/ft^2 = 305.15g/m^2$）为单位。例如，$16oz/ft^2$ 铜（0.02in 厚）用于屋顶上的泛水板，

24oz/ft^2（0.032in 厚）用于装饰物品，如排气罩。

有色金属（铁含量很少或不含铁的金属）也可以通过规格号来确定尺寸。这些规格号基于第二种标准系统，称为 Brown 和 Sharpe 系统。在这一系统中，每个规格号的精确厚度与美国标准系统的略有不同，在购买金属板材时要牢记这一点。

对于大多数家装工程，如矩形或圆形管道系统、容器和养殖箱，最常用的镀锌钢板规格为 30 和 28（0.0125in 和 0.0157in）。这些规格的金属具有足够的柔韧性，易于加工，但也足够坚硬，以确保产品坚固。在工具箱或排气罩等的制作中，有时可能需要更硬的 26 号规格的板材。如果要更换一段管道，则需要匹配现有金属的规格。量规的使用简化了该测量过程。

无论使用哪种规格，大多数金属板材的宽度均为 2 ~ 4ft，长度为 8 ~ 10ft。由于大块金属板难以加工，因此建议在将金属板运回家之前将其卷起来或切割成易于处理的部分。为了估量这些部分的大小，需要用硬纸板将金属制品展开成一张图样，也称之为展开图。此图样也将指导切割操作，它应该包含对成品所有关键尺寸的精确测量，以及用于接缝、卷边和折边的额外材料标注，这些材料会使金属板材的锋利边缘变钝，使它们更坚固。

展开完成后，可以通过刺孔和划线将图形转移到金属上；然后就可以切割和弯曲金属并将其固定，就像使用纸张一样。然而在一个重要的方面，切割金属板材不同于切割纸张，它可能是危险的。每次切割都会暴露出锋利的边缘，并产生可能割伤手指的毛刺。

切勿用手触碰切边，要及时锉掉毛刺。保持工件表面无碎屑，金属废料也有危险的边缘。小心处理金属板材，尤其是在潮湿的情况下；湿气与油脂和污垢混合在一起会使表面打滑，使其难以抓握。最后，确保锤子坚固，剪刀锋利，尽可能戴手套，并始终佩戴护目镜。

1. 测量极薄板的量规

测量金属板材厚度的圆形量规

可以在此圆形量规的槽中测量金属板材。检查金属厚度时，先锉掉被测边缘上的毛刺，然后找到与边缘紧密贴合的槽，并读取槽上方的相应量规编号。在量规反面，以千分之一英寸为单位给出板材厚度读数。

图示量规一般带有用于确定钢铁尺寸的美国标准量规编号。类似的量规在槽宽和数字标记上略有不同，可用于测量铝、铜和其他有色金属的标准尺寸（这两种测量系统在加拿大也有应用）。

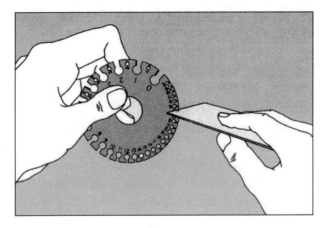

2. 安全边缘和安全接头的设计

（1）三种折边样式

简单的折边（也称为安全边）只需在金属边缘折叠一次即可，绘制图样时，在折叠部分留出 1/2in 的金属边。双折边，即折叠两次，形成更坚固的边饰。对于 1/4in 的双折边，再次保留额外的 1/2in 的金属边，但要增加一点余量，以预留出第一折产生的双层金属的厚度。

将边缘卷在大约 12 号的防锈铜或镀锌钢丝上，形成一个卷口边，这是三种折边样式中最坚固的一种。它特别适用于水桶和浴盆，在这些地方，需要有一个能防止凹陷和起皱的边缘。对于这个边缘，须在展开图中添加裕量，其尺寸为金属丝直径的 2.5 倍，再加上金属本身厚度的 2 倍。

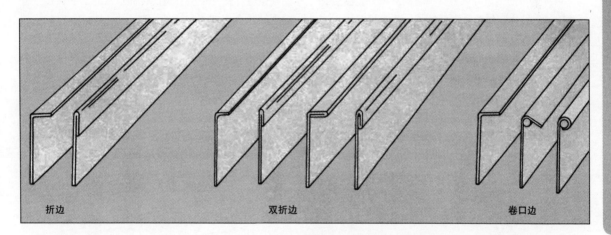

折边　　　　　　　　双折边　　　　　　　　卷口边

（2）搭接缝

在这种简单的金属板材连接中，有平板搭接和角搭接两种方式。将要固定的两条边简单地彼此叠放，然后将它们铆接、拧紧或焊接在一起。搭接缝通常用于密封矩形管道和小型圆柱体，也可用于盒子的垂直接缝，搭接长度需要留出 1/2 ~ 1in 的额外金属余料。搭接缝很简单，只要在接缝内涂一层薄薄的胶黏剂，就可以不漏水。

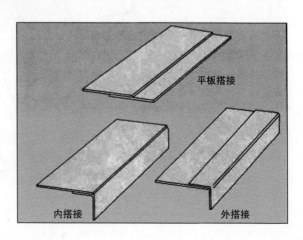

平板搭接

内搭接　　　　外搭接

（3）锁边接缝

这些折叠的卷边会产生牢固的接缝，无论是否使用铆钉、钎料或螺钉。对于直立接缝和折叠接缝，在连接前先将边缘折叠，然后再钩在一起。凹槽接缝也可被预折叠，但在将边缘钩在一起后，须将一侧向下锤打以产生平整表面。用于拐角处的双重接缝也需要在两个边缘上进行初始折叠，然后在将边缘钩合后进行第二次折叠。

每种类型的锁边缝都有其独特的应用。直立接缝通常用于组装大型供暖和空调管道；折叠接缝用于连接金属屋顶板；凹槽接缝用于连接平板，并在金属圆管和矩形管道形成纵向接缝；双重接缝最常用于连接圆形或矩形容器（如水桶或深盒）的底座。沿锁边缝内侧涂一层薄薄的胶黏剂，就能使其具有防水性。

每种接缝所需的材料裕量取决于接缝的尺寸、折叠次数和金属的厚度。1in直立接缝（通常在大型管道上使用），单折边需要7/8in的裕量，双折边需要 $1\frac{7}{8}$ in的裕量，再加上金属厚度。

当计划用折叠接缝或凹槽接缝（通常都为1/4in宽）时，在每条边上要预留1/4in的折叠，再加上少量的折叠裕量以适应折叠的厚度。当使用折叠接缝或凹槽接缝连接管道或管道的纵向边缘时，确保按接缝的宽度放大图样（在这种情况下为1/4in），以防止接缝造成的周长减小。标准的1/4in双重接缝要求沿着容器壁留有1/4in的裕量（壁将与底座连接在一起），沿底座留出1/2in的裕量来容纳沿容器边缘的两个折边，以及小部分折边的裕量。

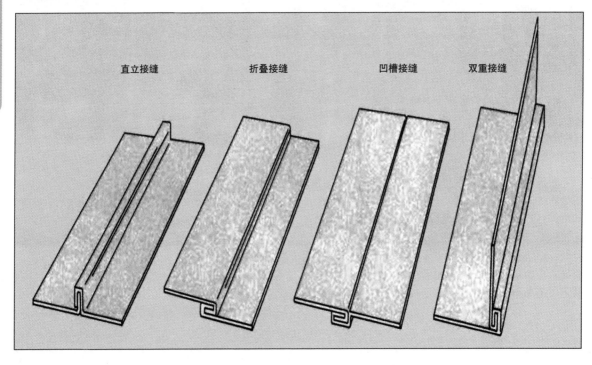

直立接缝　　　　折叠接缝　　　　凹槽接缝　　　　双重接缝

3. 绘制简单形状的图样

（1）矩形管道的放样图

在硬纸上画出两条平行线，使线之间的距离等于成品管道的所需长度。将这两条线之间的区域分为大小交替的四个面板，使第一个面板和第三个面板的大小与管道侧面的大小相同，第二个面板和第四个面板的大小与管道顶部和底部的大小相同。用"×"标记面板之间的折叠线。在折叠线的两端各做一个深约 5/8in 的 60° 切口，对于简单的搭接缝，在搭接的一端添加所需宽度的搭接裕量。剪下放样图，并将其折叠，以确保管道的尺寸合适。

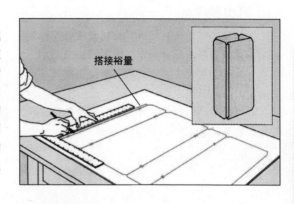

搭接裕量

（2）制作圆柱体

用一把钢直尺和直角尺画出一个边长分别为完整圆柱体的周长和长度的矩形，并在接缝处留出 1/4in 的裕量；要计算周长，可将所需直径乘以 3.14。使展开部分的宽度等于完整圆柱体的长度。对于折叠接缝，须添加两个 1/4in 的搭接裕量，每端一个。用"×"标记折叠线，以将其与图样主体区分开来。剪下放样图，然后卷成圆柱体以检查其尺寸。

重叠
搭接裕量

搭接裕量

（3）制作基本盒

从一个矩形开始放样，矩形的尺寸应等于盒体底部的尺寸。在矩形的四边画出盒的侧面展开图，使这些展开图的宽度等于盒的计划高度。在两个相对侧的末端添加搭接裕量，共四个；然后将所需的折边裕量添加到四个侧面的外边缘。将每个折边裕量和搭接裕量的两个顶角倒成斜角，以达到更整洁的效果。用"×"标记所有折叠线。剪下图样，组装盒子，检查尺寸和形状。

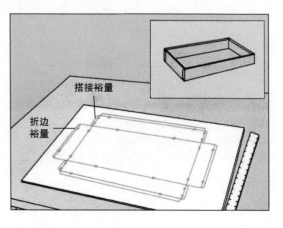

搭接裕量

折边裕量

4.把图样转移到金属板材上

（1）打出参考点

以尽量少产生废料的方式将图样放置在金属板上，并用胶带将图样固定。使用圆头锤和冲子在底部和侧面的每个角、侧边和搭接裕量处标记金属。

在标记折线的每个"×"处，轻轻地将图样敲打到金属上，仅标记到金属上即可。

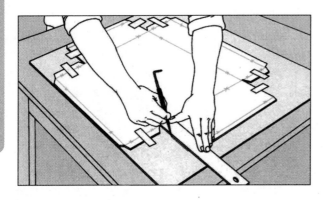

（2）勾画轮廓

将钢直尺的边缘与图样的边缘对齐，并使用划针将图样的轮廓轻轻划在金属上。将划针的尖端牢牢地靠在钢直尺边缘，以使轮廓正确，然后从金属上拿开图样并将其放在一旁。

（3）标记折叠线

使用划针和钢直尺沿着刚才在图样外部划出的粗略轮廓回描；然后将钢直尺对准表示折边裕量和搭接裕量的痕迹轻轻划出。注意，不要将这些线划得太深，以免削弱接缝、折边和折角。

当图样上的所有线条都在金属上可见时，就可以开始切割了。

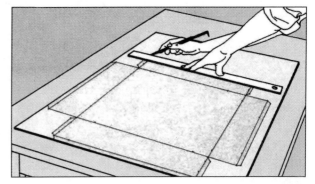

2.2　板料的切割

将金属板材切割成所需的形状和尺寸是制作任何金属板物体的中间步骤，即介于布置图样和将金属弯曲并紧固成最终形状之间的步骤。由于其相对较薄并具有柔韧性，可以用手动工具轻松地切割厚度达 22 号规格的金属板材。较厚的金属板应该用钢锯切割。

航空剪是切割直线和曲线最常用的工具。切割金属板材的另一种方法是使用冲子。剪刀和冲子都需要维护，应定期进行打磨。通过拧紧将剪刀两侧固定在一起的枢轴螺栓，可使剪刀的连接处调整良好。为使剪刀平稳作业，偶尔用家用油或硅酮润滑剂给该接头润滑。

一些电动工具可以很好地用作金属板材切割机。要切割各种尺寸的孔，可以使用手电钻或配有金属板材专用钻头的钻床；要切割具有直线或曲线的大型图案，可以使用手持式电动剪或带锯。

在使用带锯切割金属之前，应确保正确调整了零件。首先根据锯制造商的说明调整锯片张力。位于锯片两侧的锯片导轨应直接靠着锯片拧紧，然后松开，直到一张纸可以滑入每个导轨和锯片之间。

与所有金属加工一样，必须遵守安全规则以避免受伤。务必佩戴手套和护目镜，切割完成后尽快锉平所有边缘。

切割金属板材的手工工具

这些手持剪刀和冲子用于将金属板切割成任何形状或尺寸。航空剪（有三种标准类型）的锯齿状的切削刃有弯曲的和倾斜的，可以形成一种特定的切口：直线、顺时针或逆时针曲线。许多品牌的剪刀都有彩色编码的手柄，以便在车间快速识别。鹰嘴剪有长手柄和细长的切削刃，这使得它们特别适合在狭窄的地方切割曲线。对于短而难以触及的内部切口，撕裂剪也很方便。

当用手锤反复敲击时，冲子可以打出各种尺寸的孔。实心冲子将小圆形部分推出金属板；空心冲子的工作原理就像切饼干刀一样，可以去除较大的圆形部分。手持电动剪能快速完成大型工件的切割，它的往复式刀片可以很容易地沿着直线和曲线进行剪切。

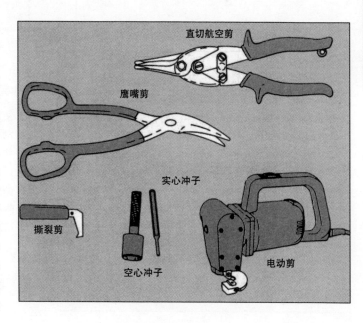

直切航空剪

鹰嘴剪

实心冲子

撕裂剪

空心冲子

电动剪

1. 用航空剪切割直线和曲线

（1）切割直线

选择专为直切设计的剪刀。将工件放在平坦的表面，用一只手抓住金属，将金属插入刀片之间，沿引导线将剪刀尽可能向前推。保持剪刀夹面垂直于金属表面，用力挤压，直到切削刃靠近其尖端 1/4in 以内。不要完全闭合切削刃，否则将导致切割边缘出现毛刺和不规则现象。慢慢打开切削刃，同时向切割方向轻轻施加向前的压力，然后以同样的方式再次闭合切削刃。重复这一动作，直到切割完成。以向上或向下的曲线将废弃金属推离，以避免割破手套。切割完成后，锉掉边缘的毛刺。

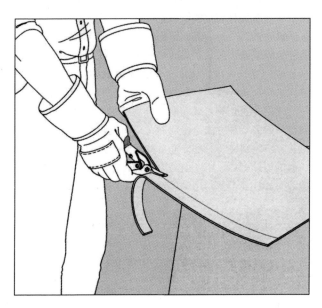

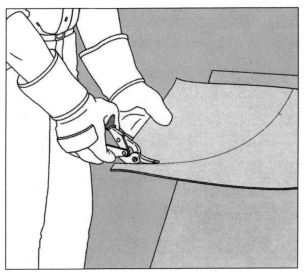

（2）沿大曲率曲线切割

使用专为曲线切割设计的剪刀，开始时与直线切割一样，将金属保持平直，并将引导线推到剪刀切削刃之间尽可能远的距离。继续切割，保持夹面垂直于金属表面，但稍微向左或向右倾斜以遵循引导线。由于切削刃的形状，它们会自动沿着曲线切割，不要强迫它们。将废弃金属推离，锉平切割边缘以去除毛刺。

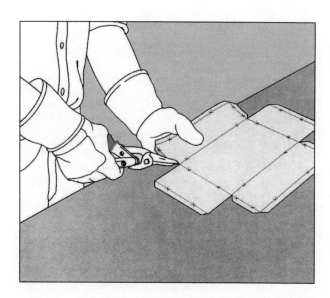

（3）在缺口上剪一个凹槽

　　使用直切航空剪在金属板缺口上制作凹槽。将切削刃保持在缺口引导线上，将刃尖与缺口点对齐。切割，在缺口的拐角处完全闭合刃尖。

2. 用冲子和剪刀切一个大孔

（1）用冲子开始切割

　　将划好线的金属板放在硬木块或软铅块上。将空心冲子的头部放在划好的引导线内，用力向下按压，用手锤的平头在冲子的柄上用力击打。试着用不超过两次的击打完全穿透金属。反复击打会形成锯齿状边缘。

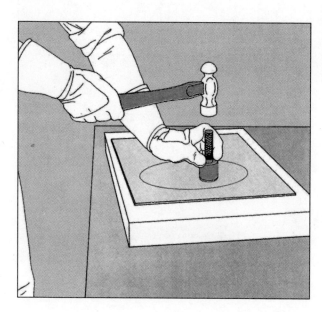

（2）使用鹰嘴剪进行切割

从金属表面的上方或下方（以较舒适的位置为准）进行作业，用航空剪从冲孔边缘到引导线的 1/4in 的范围内以弧形路径切割。时不时弯曲废弃金属，使其远离手。切割完一圈后，丢弃金属废料，然后返回并直接沿引导线切割，将孔修整至所需尺寸。

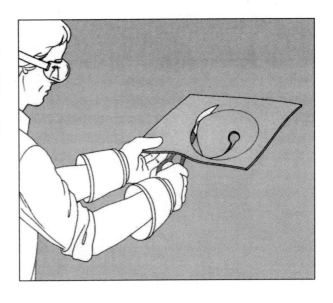

3. 用撕裂剪切割内部小切口

用撕裂剪切割

将剪刀的尖端放在所划引导线的中点处，用手锤平头轻轻敲击剪刀头，使其穿过金属；然后反复轻敲，沿着引导线驱动切削刃。通过从相反的方向切割来完成图样中的角，而不是从一个方向围绕它们进行切割。

4. 两种用于快速切割金属的电动工具

（1）用手持电动剪切割

　　夹紧或握住要切割的金属，使引导线悬在工作台的边缘，然后把切削刃放在金属的边缘并打开电源。沿着引导线稳定地推动刀片，但进给速度不要超过刀片能够切割的速度。时不时停下来，把废金属推离，切割完成后再将边缘锉平。

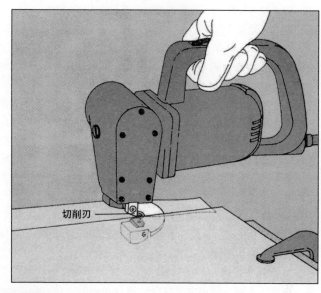

切削刃

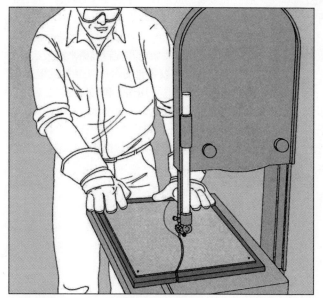

（2）用带锯切割金属薄板

　　调整锯片导板，使其距离要切割的金属表面不超过 1/4in；将固定在胶合板背衬上的金属放在锯台上，使锯片对准引导线的开头。打开电锯，然后用一只手将金属和胶合板向前推入锯片，另一只手引导它们，以使锯片略微切割到引导线的废料侧。施加稳定、恒定的压力，推动速度要与锯片切割的速度相同。切割完成后，锉削金属边缘以去除所有毛刺。

2.3 三维形状的折叠和弯曲

两个基本操作——折叠和弯曲，将切割好的金属板变成一个完全成形的物品，可以用铆接、螺纹连接或焊接紧固。在商业车间中，圆柱体的曲面和盒子的尖锐折角主要是由机器制作的。我们也可以使用24号或更轻的金属板材来手工制作管道、水槽、防水板、盒子和桶。

在形成最终形状之前，必须折叠图样所示的折边和接缝，以加固和连接平整金属板的切割边缘并降低其危险性。这些折痕是用手工接缝机形成的，而板材仍然是平的。圆柱形物体边缘的卷边也应在板材成形之前完成。在较复杂的金属板材形状（如箱形、圆锥形和棱锥形）上，应在完成成形和接缝后添加卷边，但是在形成盒子时，应先在折叠裕量处制作开口，以便将金属丝装入其中。

对于折叠接缝和凹槽接缝，就像折边和卷边一样，在成形之前，使用手工接缝机进行开边的折叠，称为接缝锁。在折痕下方留出空隙，这样相对的两个接缝锁就能轻松滑到一起，以便它们互锁。

一旦折边和接缝被压折，就形成了定义盒子和矩形的拐角的急弯，或形成圆柱体和锥体的弯曲。对于每种弯曲，要使用适当的桩或其他适当的装置。例如，可以用角钢和夹子把金属固定住，然后在工作台的边缘压出折痕，这样就可以弯成一个角度。盒子的侧面可以在木块的帮助下成形，将木块切割成合适的尺寸并夹紧在盒子的底部，这样侧面就可以靠着木头弯曲。

用台虎钳牢牢夹住的一段管子，足以替代用于弯曲的桩。对于不寻常或复杂的曲线，可以制作木质模型（互锁的硬木块），用两块模板夹住金属板，在台虎钳中将金属板材挤压成想要的形状。

当物品弯曲并折叠成最终形状时，固定接缝只需简单地钩住接缝锁，然后将其锤平以形成锁边接缝。在缝合有弯曲侧面的物品时，夹在台虎钳中的一根管子将再次支持该操作。对于盒子或开口矩形，可以通过将一段扁平的棒料或铁轨连接到工作台的边缘来支撑工件。

用手工开槽器可获得更牢固的接缝。选择开槽器时，槽宽应比接缝宽1/16in。如果要制作一些带凹槽接缝的物品，就选择一个普通的缝号，例如整个接缝为1/4in宽，那么可以用一个标准的5/16in（2号）的手工开槽器来完成每个接缝。

有几种金属的成形作业存在特殊的问题。将容器底座与圆柱形或锥形壁用双重接缝连接，或者在锥形物品的边缘卷边，都需要沿着弯曲的边缘进行急剧折叠。金属车间使用重型滚筒和旋转机器来翻转这些凸缘；一把扁口钳，用胶带包裹钳口以避免损坏金属，是一种合理的替代工具。用锤子和定位锤将金属边压在金属丝周围以形成卷边，或将凸缘锁在一起形成双重接缝。用钳子转动凸缘时，就像用任何手动工具成形金属板一样，要缓慢而耐心地操作，以避免金属拉伸或扭结。

1. 折边和接缝锁

（1）初步折叠

使用手工接缝机夹住要弯曲的边缘的中间，将接缝机的钳口对准之前在金属上划的折线。拧紧调节螺钉，直到它们与金属边沿接触。利用上钳口的边缘为支点，用力压下工件表面。对于长边，最好从中间向两边作业，沿着折线每隔 3 ~ 4in 就夹住并弯曲金属边。为了避免金属扭结，每个部分稍微弯曲，然后移动到下一段，使它与前一段持平。继续一点一点地折叠，直到边缘与工件表面呈锐角。边缘现在已经准备好了，可以插入金属丝卷边，或进一步压折形成折边或接缝锁。

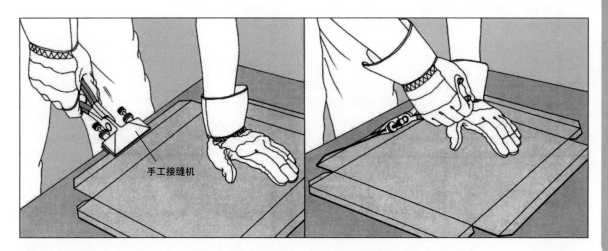

手工接缝机

（2）闭合接缝

如果正在做一个锁边接缝，一个折叠或开槽的接缝锁与另一个接缝锁连接，在初步折叠的中间放入两层厚的废金属或一块薄木片。将接缝机的钳口套在折痕边缘和废料上，并用力挤压。沿着折叠的全长工作，一边走一边移动垫片。然后移除垫片，并检查以确保有足够的空间与另一个接缝锁配合。

对于简单的折边，如盒子的顶部边缘，不用垫片并完全压实折痕。对于双折边，则再次折叠单折边，用接缝机翻转边缘并将其压实闭合。

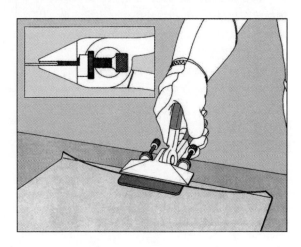

2. 为更易成形而专门设计的特殊工具

金属板桩

空心轴桩的圆形端在接缝、开槽和精加工过程中支撑管道、铲斗和具有弯曲侧面的类似物品;另一端的方形铁砧提供了一个用于缝合和修整盒子和矩形管道的表面。斧头桩是用来做角状折弯的,如制作一个盒子的拐角;它锋利的边缘能使金属弯曲。导管桩上两个不同直径的圆棒可成形不同大小的曲线和圆柱体。宽锥和锥形物体在喇叭桩的短角上成形;细长的角用于更长、更窄的圆锥体的成形。

斧头桩、导管桩和喇叭桩安装可插在钢制台板的孔里并用螺栓固定在工作台上,或者用台虎钳夹住这些桩。空心轴桩通过螺栓直接连接到工作台上,螺栓在工具底部的凹槽中滑动,允许不同长度的桩延伸到工作台的边缘。

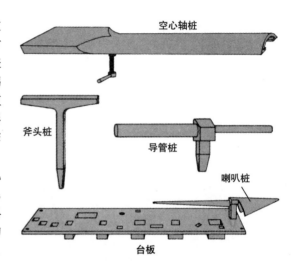

3. 成形角度和简单地弯曲物体

(1) 进行直角弯曲

将金属上的折线与工作台的边缘对齐。将角钢横放在板材上,与折线和工作台边缘齐平,用两个C形夹具夹紧。用手把金属板压下去,然后用木槌沿着折痕的长度敲一下,使弯曲处呈直角。

要使用一个特殊的斧头桩形成一个角度的弯曲,将折线直接放在桩上,并按下两边。当折弯达到所需的角度时,保持弯曲部分紧密地贴合在桩的锋利边缘上;用木槌沿着折痕敲打,使弯曲处更加尖锐。

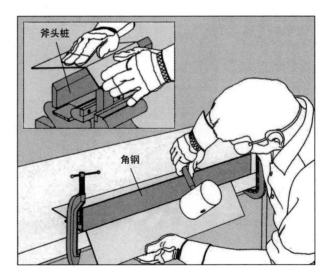

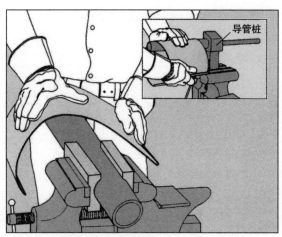

（2）把盒子的边折弯

切一块木头，使它的宽度和长度与计划中的盒子的底部完全一致。把它放在图样的中间，边缘与折线对齐。将组件夹在工作台上，一条折叠线与工作台边缘齐平。用手将一侧弯曲，然后用木槌沿着折痕轻敲，使其急剧弯曲。弯曲其余的侧面；每弯曲一个侧面都要松开夹具，转动组件，然后重新定位并夹紧，使下一个待弯曲的侧面悬在工作台边缘。

（3）曲线和圆柱体成形

使用台虎钳，固定一段半径至少小于曲面或圆柱半径 25% 的管子，或使用适当大小的导管桩。用手或木槌支撑平板，使它的边缘刚好超过曲线的顶端，并将平板分段弯曲。在管子或桩上逐渐移动金属薄板；如果弯曲间距较大，则曲面是不均匀的。

（4）锥体成形

从金属切口的一端开始，用手或木槌将金属向下弯曲压在用台虎钳夹住的管子上，在管子上慢慢移动圆锥的小口端并使其急剧弯曲。快速移动大口的一端，不要太剧烈地弯曲，这样圆锥就会变细。

要在喇叭桩上形成一个锥形，锥形的小口端在喇叭桩的尖端，大口端在喇叭桩较宽的一端，逐渐弯曲金属。

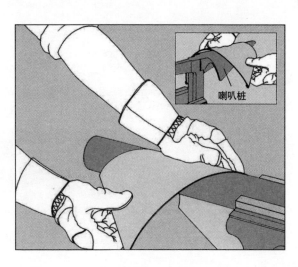

4. 用于特殊曲线的木制成形块

一对硬木模具

　　把要弯曲的板材放在两块相互交错的硬木块之间，硬木块应切成想要的弯曲形状。用带锯、曲线锯或马刀锯可以很容易地切割模具。将组件安装在台虎钳的钳口之间，并转动手柄，直到金属弯曲成形。

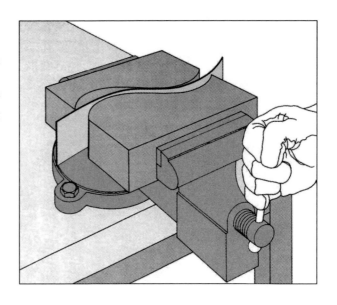

5. 折叠接缝

连接和锤击

　　将接缝锁钩在一起，连接已成形物体的边缘。然后将该物体支撑在一段管子、铁轨上或空心轴桩的任意一端。圆柱形用圆形表面，长方形和盒子用平面。翻转物体，直到接缝位于支撑物的正上方，然后用木槌沿着接缝的长度敲打。用均匀的压力将接缝打平，以免金属发生扭曲变形。

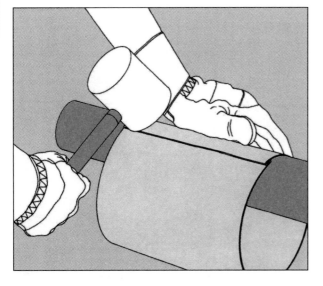

6. 凹槽接缝

（1）外缝开槽

　　在木桩、管子或导轨上支撑已对接好的接缝。在接头的一端安装合适尺寸的手动开槽器，然后用锤将其开槽。在另一端重复上述步骤。将开槽器向后倾斜，然后沿接缝线的整个长度进行锤打。接头中的三层金属将在物体外部形成一个脊。内表面将保持齐平和光滑。

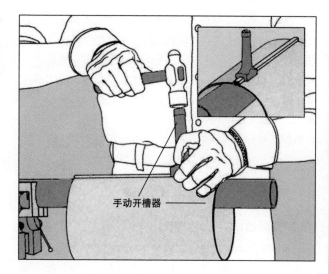

手动开槽器

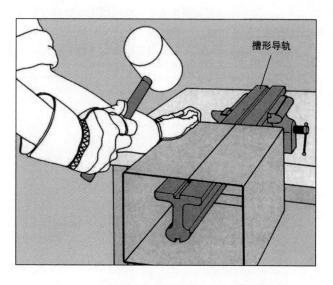

槽形导轨

（2）内缝开槽

　　将带有适当尺寸凹槽的槽形导轨固定在工作台的边缘，圆形面朝上用于圆柱形物体，平面朝上用于矩形风管和盒子。将锁定的接缝定位在凹槽上，然后用槌将接缝的两端推入凹槽。沿着接缝的整个长度从头到尾敲击，在工件内部形成折叠金属脊，在外部形成光滑的齐平接缝。

7. 用于平滑加固的钢丝边缘

（1）弯曲钢丝以匹配边缘

　　测量并剪下一根钢丝，长度等于盒子长度和宽度之和的 2 倍，加上钢丝直径的 2 倍。用台虎钳夹住钢丝，从一边伸出 $1\frac{1}{2}$ in 左右。用锤子把短的部分敲成直角弯；然后松开钢丝，将其从台虎钳中穿过，长度等于盒子的一边，重新夹紧，做第二个直角弯。松开钢丝，再重复这个过程 2 次。在第四边，将钢丝两端在离拐角约 $1\frac{1}{2}$ in 处对接一起，而不是在拐角处；这将加强盒子的缝角，并在边缘形成连续布线的外观。

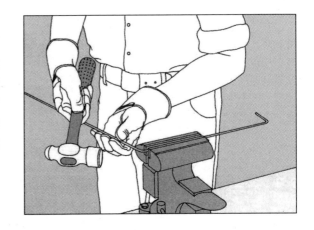

（2）将钢丝固定在边缘上

　　将成形的钢丝塞进盒子顶部半开的折边里。将盒子安装在临时支架上或空芯轴桩的平头上；用带着胶布的钳子把钢丝一端紧贴折痕压好。用木槌把折边折弯。沿着边沿一小段一小段地作业，一边敲一边移动钳子，使钢丝始终贴着被压平的部分。继续沿边缘弯曲，边弯曲边转动支架上的盒子。

（3）布置边缘

　　在工作台表面倒置盒子，然后用定位锤的方头敲击钢丝，将边缘压在钢丝周围。为了完成卷边，反转锤子，用锤子的锥头敲击钢丝后面金属边沿。

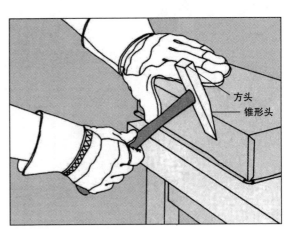

方头
锥形头

8. 围绕容器底座的双重接缝

（1）容器底座周围的接缝

　　将一个圆柱形或锥形的容器壁套在一段管子或空心轴桩上，用一只手稳住工件，用平口钳夹住标记的折叠边缘，把它折成小段。慢慢地弯曲，不要急弯，否则会使边缘的其余部分变平。

　　当翻转部分接近直角时，将容器壁从支架上拆下。把它倒挂在工作台上，用木槌沿着边缘敲打，使其弯曲成直角。

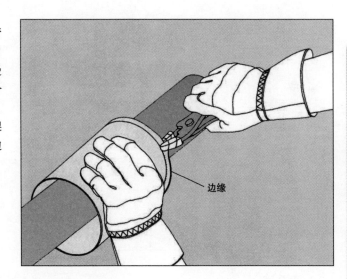

边缘

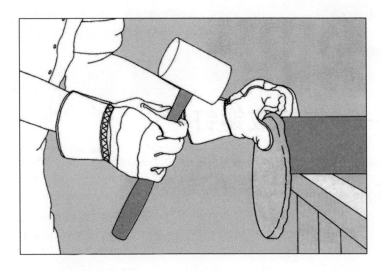

（2）给底座扣底折边

　　按照折边线将容器底座的圆边弯起，成形一个与容器壁匹配的直角凸缘。先用平嘴钳在底部周围进行分段（小段）折边，然后将底座靠在一根管子或空心轴桩的末端，对准它，使折叠的边缘刚好钩住管子或桩的水平面。用木槌把边缘敲到曲面上，慢慢旋转底座，直到做完与底座成直角的扣底。

53

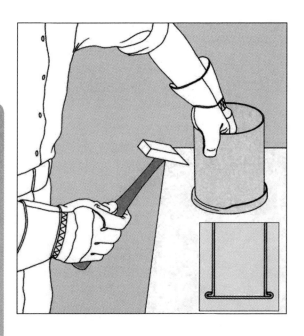

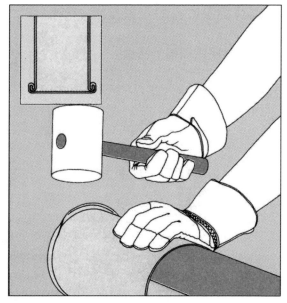

（3）闭合缝

　　将底座平放在工作台面上，将容器的壁面向下安装在扣底上翻的底座内。然后使用安装锤的锥头将底座的边缘弯曲到容器壁底部的扣边上。握锤要注意角度，以免锤头敲击或划伤工件。

（4）锁住底座

　　用管子或空心轴桩支撑容器。用一个木槌把底座和侧面的接合边向上翻，使它们平贴在容器的侧面，旋转容器绕着整个接缝作业。

2.4　标准紧固件——螺钉或铆钉

　　金属板通常必须用专用螺钉或铆钉连接。无论使用的是自攻螺钉还是铆钉，都要确保它足够长，能够完全穿透金属薄板。此外，选择同一种金属的紧固件，以使接合点不那么明显。当把螺钉放在孔里，按压并顺时针旋转时，自攻螺钉就会用自己的螺纹在孔中切成相应的螺纹。

　　铆钉为双头紧固件，从两侧夹紧金属板，不会在振动中脱落。抽芯铆钉更容易安装，扁平头铆钉有装

饰效果。扁平头铆钉和抽芯铆钉都有一个轴，将其插入钻好的孔里，在铆钉轴的一端有一预制的头，相似之处仅限于此。使用扁平头铆钉时，将预制的铆钉头放置在一个小钢块上，用一种叫做铆钉模的工具将凸出的铆钉轴固定在金属板的顶部，然后用圆头锤敲击铆钉轴。

　　抽芯铆钉可快速安装，只需要接触接头的一侧即可。芯轴是从抽芯铆钉的一侧伸出的细长的延伸

部分，被安装在抽芯铆钉钳的前端。将铆钉短轴插入钻好的孔中，然后用抽芯铆钉钳将芯轴拉过铆钉

轴。芯轴远端的球将铆钉轴压缩成接头另一侧的铆钉头，多余的芯轴被折断。

1. 安装钣金件连接螺钉

（1）用螺钉紧固金属板

　　使用与螺钉轴直径相同的金属切削钻头，在两片金属板上冲孔或钻孔。将自攻螺钉的尖端放入孔中，然后用螺钉旋具将其拧入，直至拧紧。

　　如果使用顶端形状像钻头的自钻孔螺钉，则安装螺钉的速度会更快。必须使用配有螺钉旋具附件的电钻来旋转螺钉。

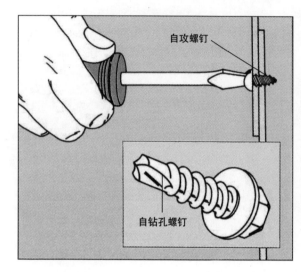

（2）安装铆钉

　　在金属板上钻孔，然后将扁平头铆钉的轴穿过它们。将金属板放置在 3lb（1lb = 0.4536kg）重的钢砧块上，铆钉预制头朝下。将铆钉模固定在铆钉的突出端上，并将铆钉模末端的小孔固定在铆钉上。用圆头锤敲打铆钉模，在铆钉顶部形成一个新的头部，并将其固定在金属板上。

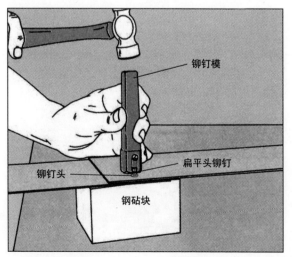

（3）顶住铆钉

要在裸露的铆钉头上形成具有装饰性的、斑驳的外观，用圆头锤敲打突出的铆钉轴。

轻轻锤打，在铆钉周围环形敲打，直到形成斑驳的凸起，然后将其紧紧压在金属板上。

用铆钉模末端的半球形凹口可以形成更均匀的铆钉头。将凹口压在铆钉轴上，并用圆头锤的平头将铆钉模向下垂直击打，直到铆钉模与金属板表面接触。

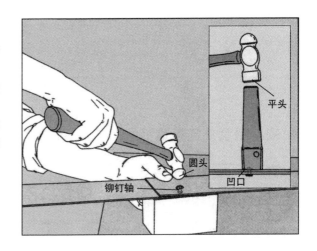

2.用抽芯铆钉钳快速紧固

完全打开抽芯铆钉钳的手柄，并将铆钉的芯轴尽可能地插入铆钉钳置换盘的孔中。挤压把手，直到夹住芯轴。如果可能的话，把要紧固的金属件紧紧地夹在一起；将抽芯铆钉插入钻好的孔中。将抽芯铆钉钳的置换盘抵在金属板上，交替打开和关闭铆钉钳的把手，将芯轴向上拉入置换盘中。作用在芯轴上的拉力会使铆钉的远端呈蘑菇状；持续作用，直到铆钉钳的手柄难以移动。然后更用力地挤压手柄，以折断铆钉内多余的芯轴。如果芯轴突出，使用小样冲和轻锤敲击将其压下。

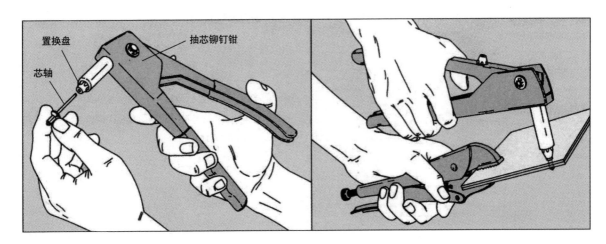

第3章 金属的热加工

在金属加工中使用的许多技术仍然可以追溯到最早的人类将青铜锻造成剑或犁的热加工技术。修理工、铁匠仍然使用煤、焦炭或柴火来软化他们使用的金属。在模具中铸造熔融的液态金属是一种成形方法，可用于制造各种金属零件，其起源于6000多年前人类开发的技术。

今天的一些金属加工技术是经过时间考验的，有一些则通过现代技术得到了很大的提高。例如，当使用铁匠的锻炉进行锻焊时，其本身就是一个艰苦的过程，整个工件必须加热到接近金属熔点的危险温度，在这个过程中，很难避免有熔渣或氧化皮的沉积，这两者都可以致命地削弱焊缝的性能。现代电弧焊机利用电弧 7000～10000°F（1°F=17.22℃）的热量，可

以方便地进行焊接，使焊接加工以前所未有的速度和精度来进行。用氧乙炔焊炬发出的纯净、有尖锐指向性的火焰也可以达到类似的焊接要求，氧乙炔焊炬还可以配备特殊的焊嘴或割嘴，用于加热弯曲（校形）、切割金属。

金属件也可以钎焊连接，与熔焊不同的是，钎焊依靠的是相对较低温度下熔化的人造钎料。钎焊比熔焊更容易掌握，当不需要更高强度的焊接接头时，钎焊可用于连接电器元件或锁定金属板接头。

无论金属热加工的技术是古老的还是现代的，这种作业所伴随的情怀从来没有改变过：在焊件或铸件冷却之前不确定的时刻，即当金属工人不知道操作是否成功时，接下来希望出现了，获得成功。

3.1 烙铁钎焊——快速和轻量化连接

在几种用加热连接金属的方法中，钎焊是最简单的，需要的热量和设备最少，但它形成的接头最薄弱。钎焊可用在对接头强度要求不高的薄金属的连接。

为了制造这种轻量化的接头，被连接的金属必须清除所有的污垢和氧化物，并且必须加热到足以完全熔化钎料的温度，通常为400°F左右。钎料可用于连接铜、锡和大多数钢件。有些金属，如铬、钛、镁和硬化不锈钢都很难钎焊。铝件只能用一种特殊的钎料来连接。

尽管钎料的类型很多，但最常见的是铅锡组合的

钎料。对于一般的家庭使用，建议使用半锡半铅的钎料（称为50/50或一半一半）。如果进行大量的焊接，则可能要购买更多的专用钎料。例如，锡的质量分数为40%和铅的质量分数为60%的钎料对于较小的接头和管道连接来说很方便，因为它能更好地保持钎焊的过程，尽管难以熔化。当钎料比例颠倒时（锡的质量分数为60%，铅的质量分数为40%），钎料的熔点较低，更有利于连接可能被热损坏的电子部件。

由于钎料不会附着在任何氧化的表面，大多数金属钎焊前必须用一种称为钎剂（焊剂）的除氧化物剂进行清洗。钎剂还可提高钎料在加热时的流动性。两

种最常用的钎剂是松香和酸性钎剂，后者通常由氯化锌制成，能更好地去除氧化物。但酸性钎剂对铜、锡的腐蚀严重，不宜用于电气工程。

当使用酸性钎剂时，钎剂具有腐蚀性，并产生有毒气体，应戴上手套和护目镜，并且只能在通风良好的区域作业。大多数酸性钎剂都是膏状的，在钎焊前刷在金属表面。

使用热烙铁或丙烷喷灯，可以将熔化钎料的热量施加到被连接的金属表面（不要直接给钎料加热）。烙铁适用于平面上的小工件；喷灯适用于较大的工件和曲面。例如，通常使用丙烷喷灯将两段铜管连接起来。

1. 用钎料进行安全连接

（1）清理烙铁

将烙铁加热，在其顶端刷上钎剂，然后用湿海绵擦拭烙铁尖，以清除沉积的钎料和氧化物。对于顽固的沉积物，用蘸有水和钎剂的海绵用力摩擦。如果尖端仍然涂有钎料，可用磨锉来处理，直到铜表面有光泽。

（2）给烙铁镀焊锡（钎料）

用焊锡轻触烙铁头，全面接触，均匀地在烙铁头涂上一层薄焊锡。用蘸湿的海绵轻轻摩擦烙铁头，除去多余的焊锡或钎剂。

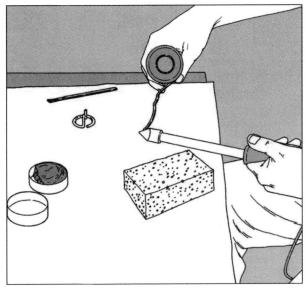

（3）清洗和给工件镀焊锡（钎料）

要去除连接工件表面的杂质，首先用钢丝球清理表面，然后用钎剂刷去氧化物。将加热的烙铁头平放在其中一个工件的接口处，偶尔用焊锡接触工件的接口，直到焊锡熔化并均匀流动。焊锡不要碰到烙铁。沿着接头的区域移动烙铁和焊锡，在工件上留下一层薄薄的焊锡。

涂上钎料后，再次加热工件，用蘸有钎剂和水的海绵擦拭工件上的焊锡。会在工件上形成一条非常薄、光滑、光亮的焊锡带。用同样的方法处理另一工件。

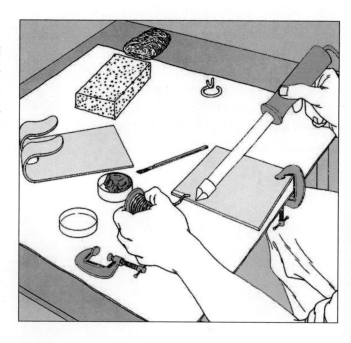

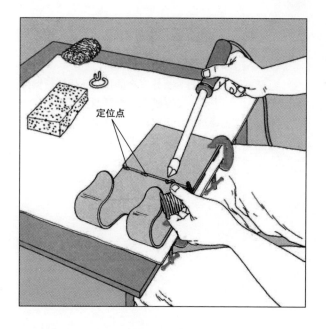

定位点

（4）定位接头

要把涂有镀锡的工件夹在一起焊接，用台虎钳夹住或用 C 形夹具固定，然后用定位焊把它们定位在一起。用钎料进行定位连接，将烙铁的尖端贴在工件的最上面，焊锡稍微放在其后，并触碰接头；焊锡将通过毛细作用被吸入接头。继续用同样的方法进行定位焊，直到整个接头牢固为止。

（5）钎焊接缝

　　将烙铁头（多面尖头）平放在接缝的一端，沿接缝逐渐移动烙铁，加热，然后加入焊锡，使其产生连续的焊脚。在钎缝硬化后，目视检查钎缝是否有颗粒状的斑点和暗淡的斑点，这些斑点表明它没有被充分加热。通过简单地重新加热金属件，可以重新钎焊这些被称为冷接头的点。

焊脚

（6）清理钎缝

　　冷却后，用钢丝球或软金属刷摩擦钎缝，去除多余的钎剂，使钎缝保持光亮。如果选用酸性钎剂，则用水、洗涤剂和小苏打的混合物清洗钎缝。用锉或砂布清除多余的钎料。

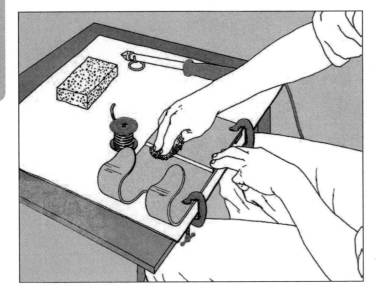

2. 装配铜管道

铜管的钎焊

　　根据处理的位置是内表面还是外表面，用软毛钢丝刷或金刚砂布清洁管道和管件的两端，将钎剂刷在清洗干净的表面上，组装好管子和管件，然后将两件拧在一起，使钎剂均匀地散开。要对接头钎焊，用丙烷喷灯加热，先用钎料触碰管件，再接触管道，测试温度。当钎料在管件表面熔化时，将钎料触碰到管件插入管道的地方，并在接头的边缘涂覆钎料，直到钎料环绕接头；钎料将被钎剂吸入管件与管道的接口。重复连接每一段管道和管件的两端。如果喷灯火焰附近有结构性木材，用一块石棉板保护木材。在钎料还热的时候，用抹布擦去多余的钎料，否则钎料可能会滴落。

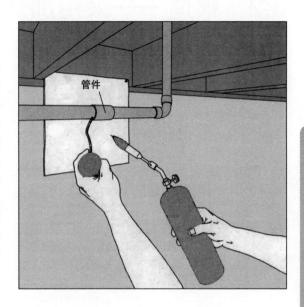

管件

3. 用于难以固定工件的辅助装置

一种钎焊夹具

　　形状奇特的物体不能夹在一个普通的台虎钳或 C 形夹具上，可以用一个特殊的焊接钳，它有 7 个多功能接头。为了夹住各种尺寸的物体，有几组可调节的夹子，可以拧开，以更换不同大小的夹子。

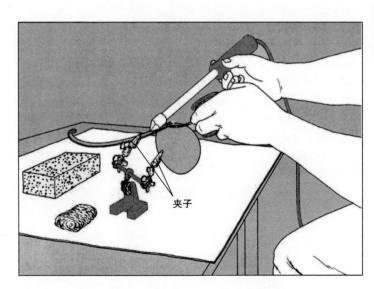

夹子

3.2 锻造——采用加热和锤击的 金属成形方法

锻造，即用锻锤对加热的钢材反复锻打成形，是一项传统的材料加工方法。乡村铁匠采用锻造工艺制作各种工件，现在可用于制作装饰物，从定制设计的制件到装饰性的楼梯扶手和壁炉配件等。

锻造的基本要素包括加热炉、砧座、水槽和锻锤。将金属在加热炉中加热到适合的温度，然后迅速放到砧座上，用锻锤打击成形。把锻后的锻件放到水槽中冷却称为淬火。

锻造时，使用两种基础性加热方式：一种是通用敞口式加热；另一种是带有圆顶的箱式加热，可为锻造提供所需的热量。锻焊是一种金属的连接技术，锻件牢固且几乎看不见结合点。这两种锻造加热方式都在一个 6in 深的加热炉里进行，在炉的底部或侧面有一个通风口，通过风扇或鼓风机将空气送进炉中。锻造加热炉可以购买，也可以采用类似烧烤架和吸尘器之类的部件进行组装，这取决于锻工的需求和财务状况。

加热是锻造的关键环节。加热炉应该紧凑，均匀燃烧，几乎无烟，这主要取决于所使用的燃料类型。本试验燃料采用直径约为 1in 的无烟煤；它每磅释放的热量多，产生的烟雾少。在燃烧过程中，如果把无烟煤浸湿并紧紧地包裹起来，无烟煤就会变成焦炭，焦炭燃烧时可以产生很多的热量，并且可以保存起来，以备下一次使用。

可以用焦炭来代替无烟煤，也可以用硬质烟煤来代替，但烟煤产生的热量不如无烟煤多，因此不适合锻焊。在必要的时候，采用木炭或炭块生火，其价格比较昂贵，并且比煤消耗得更快。为了节省燃料，无论使用哪种锻造加热方式，最好在金属达到所需颜色时立即关闭鼓风机。

金属锻造成形的铁砧应由铸钢制成。在矩形工作面的一端，切削成一个尾部，在其上可以做成各种锐角。尾部有两个孔：一个是圆孔，直径约为 3/8in，用于折杆和钻孔；另一个是边长为 $1\frac{1}{4}$ ~ 5/8in 的方孔，用于安装铁砧錾子等切割工具。这款工具可以切断 $1\frac{1}{2}$ in 宽的加热的金属块。铁砧的另一端是一个圆锥形的伸出端部，称为"砧角"在上面可以形成各种各样的曲线。

改变金属形状尺寸有两种基本锻造工艺方法，其中之一称为镦粗，是通过减少金属的长度来增大横截面积的成形方法。镦粗通常采用自由锻锤在砧座上进行，也可以双手戴上手套，夹持需要镦粗的金属，在水泥地面上锤击镦粗，要用一块金属板保护地面，避免受热金属的损害。

与其他金属热加工方法一样，在锻造时必须穿安全服。一个由皮革或厚帆布制成的全长围裙和一个金属防护面罩是必要的，可以免受飞溅的氧化皮的伤害。需要带皮革手套来处理锻件和铁砧上的热金属。为了夹住一块小于 18in 的金属，需使用万能锻压钳或适合特定零件形状的长柄钳。

1. 由金属颜色判断锻造温度

颜色和温度

　　表 3-1 为钢和铁在锻造所需温度 1200～2550°F 时的颜色。热量对这两种金属的影响是相似的：加热使晶体结构膨胀，导致金属强度下降，塑性增加。所需要的塑性要满足相应锻造工艺。

　　金属的颜色不仅表明其是否可以加工，而且是用于淬火的一种量度。当金属淬火后，它们至少应恢复为深樱桃红色；否则，保留的热量会导致金属纤维再膨胀、弱化和软化工件。此外，某些颜色的钢具有特有的性能。当它是浅樱桃红色时，它的表面会出现一层壳或鳞片状的氧化皮；当它为橙色时，氧化皮比较脆，可从工件上去除。

表 3-1　钢和铁在锻造所需温度 1200～2550°F 时的颜色

钢和铁的颜色	温度	适合工艺
深樱桃红色	1200～1300°F	锻造的下限，表面可塑
樱桃红色	1420～1460°F	淬火温度
浅樱桃红色	1600～1620°F	可以形成曲线和角度，是镦粗和焊接所需热量
橙色	1775°F	工件可被锻凿修剪，拉拔时需要这种热量，氧化皮脱落
黄色	2000～2350°F	可钻孔，镦粗需要的热量
刺眼的白色	2350～2500°F	上限温度可用于焊接，会有一些火花
炽白色	2550°F	用于焊接，锻造的上限，火花从金属中迸发，工件很难直接观察

2. 手工锻造工作间

基本配置的手工锻造工作间

　　加热炉和铁砧构成了手工锻造工作间的核心。靠近它们的是一个工作台、一个水桶和一个储煤箱。锻炉与室外保持通风，很像一个柴火炉，在炉膛上方 30～36in 处安装了一个金属罩；6 或 8in 的烟囱可以排除烟雾。

　　铁砧应该与加热炉保持 4～5ft 的距离，螺栓将其固定在砧座上。当手臂放在身体两侧时，砧座应该使铁砧的表面或顶部达到指关节的高度。镀锌金属垃圾桶应放置在砧座和加热炉附近。具有坚固金属台面的工作台可支承沉重的工件，并为台虎钳提供了一个安装位置。

　　一个室内的手工锻造工作间应该有一个混凝土地面，工作台区域应该有良好的照明。然而在加热炉和砧座的照明应该相当暗，以便准确地评估加热金属的颜色。除了排烟，排气风扇还可进行必要的排热，这可减少锻造产生的过多热量。

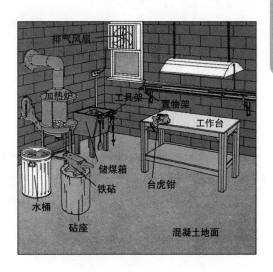

3. 用火加热进行锻造

加热炉点火

　　把一个 1lb（1lb ≈ 454g）重的空咖啡罐，倒置放在铁炉底部的炉箅上，在罐子周围铺一堆 5in 高的煤。把咖啡罐挪开，在原来的地方堆一小堆松散的混有纸条的引火木柴。点燃纸条，当它们燃烧时，用鼓风机送一小股气流穿过它们。在火上撒上煤块，当它燃烧时，把水洒在靠近火堆的煤块上。燃烧的热量会使煤粘在一起，形成焦炭，这是一种易碎的深灰色物质，均匀燃烧时很少或没有烟。当焦炭燃烧时，将周围的煤撒进去，同时在火的边缘加入新煤。

　　不时地检查灼热的焦炭是否有发黑的地方。这说明有不燃烧的煤矸石，铁匠称之为炉渣。它们是杂质的产物，比纯煤更硬。它会造成发热不均匀，用钳子把它们取出，放在锻造盆里。

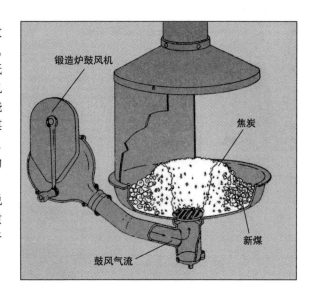

锻造炉鼓风机

焦炭

新煤

鼓风气流

4. 切割热金属的铁砧錾子

　　把工件要切割的区域加热至橙色，然后将切点置于铁砧錾子的边缘。用重锤直接敲击工件表面，直到金属上出现一条细而暗的线，表明金属已经通过与未加热的表面接触而冷却。继续锤击金属，但应较轻地打击，以避免击破工件和损害铁砧錾子的切削刃。当金属几乎被切断时，在工件的自由端紧挨着铁砧錾子一击或两击，这块工件会断成两半。

　　也可以在金属切断之前对工件淬火，然后折断剩余的薄而脆的金属条，从而完成切割。此时，可以用手折断它，也可把自由端放在铁砧的边缘，用锤子敲打它。

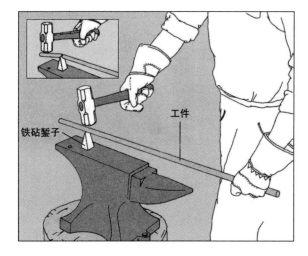

工件

铁砧錾子

5. 用铁砧的边缘形成角

形成 90° 角

　　将工件加热到浅樱桃红色，在要弯曲点的两侧几英寸区域加热，然后将工件跨过铁砧，将其向上倾斜 10° 或 15°，弯曲线位于砧座的方形边缘。紧紧抓住工件，用锤子敲击铁砧侧面工件的外伸端。当此端部接近铁砧侧时，逐渐降低另一端并交替撞击外伸端的端部，直到二者都放平，一个靠在铁砧上表面，另一个靠在铁砧侧表面。

　　要消除锤击造成的压痕，在不规则区域用较轻的力锤击金属，直到工件表面恢复其形状。

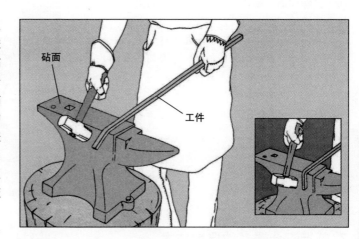

砧面

工件

6. 在铁砧上形成的开放或紧密的曲线

（1）用铁砧的砧角成形

　　将工件加热到浅樱桃红色，然后将其放在砧角上。弯曲工件的末端时，末端的加热长度应能使其伸出砧角 2～3in。当沿轴弯曲时，加热的区域应保证在弯曲点两侧 2～3in 的范围内。

　　要弯曲工件的末端，用锤子将工件末端锤向砧角，然后逐渐将工件向前推移，继续锤击。如有必要，应重新加热工件，并改变其在砧角上的位置，直到获得所需的曲线。

　　要使工件沿轴上的某个点弯曲，使用与弯曲末端相同的锤击技术，如有必要，让助手扶住工件的另一端。

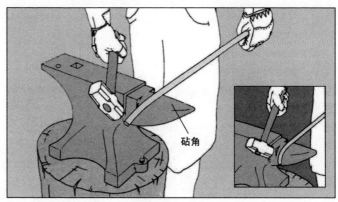

砧角

（2）徒手完成一条紧凑的曲线

要将弯曲的一端拧成钩子，将工件横放在砧面上，弯曲的一端朝上。如有必要，将其重新加热至浅樱桃红色。

将弯曲末端的尖端朝轴的方向（向下）锤打，直到达到所需的形状——一个开口的弯或一个闭合的圆。

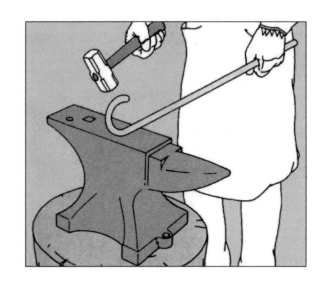

7. 制造五金器具的典型技术

铰链销孔眼成形

将加热至浅樱桃红色的金属钢带放在铁砧上，其末端伸出铁砧的圆形边缘。在未加热时确定外伸量，外伸量为用来形成孔眼的杆的直径减去带材的厚度乘以 3.14，然后测量钢带末端外伸量。此时，使用三角锉在带材边缘打一个小缺口。加热钢带后，将缺口定位于铁砧边缘，将其末端锤到铁砧下方。

将钢带铺设在铁砧上，向上弯曲，必要时重新加热。在助手握住钢带的同时，将合适直径的杆放在弯曲处。使用十字尖头锤的楔形头将钢带的末端紧紧地锤在杆上。偶尔转动杆，以防止其与钢带熔合在一起。

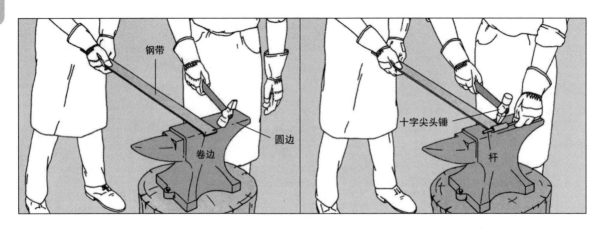

钢带

圆边

卷边

十字尖头锤

杆

8. 通过镦粗使金属轴变粗

镦粗工件

要使轴的末端变粗，先将轴端加热至黄色，然后将轴保持竖直，将加热的末端朝下放在铁砧面上。戴上手套握住轴，如果轴长小于 18in，则用钳子夹住轴，用锤子敲击轴的上端。调整打击力，使轴的末端镦粗到所需的尺寸。要快速作业，因为金属从炉火中取出后会逐渐变得难以塑性成形。当轴膨胀至所需形状时，将其放置在铁砧的表面，并用锤子击打以纠正其轮廓中的任何不一致之处。

要镦粗轴上的特定区域，将该区域加热，使其变为橙色。然后在水中冷却轴加热的一端，使其硬化，以便在镦粗过程中只有想要的区域会变粗。按上述步骤操作，使轴锻造成形。

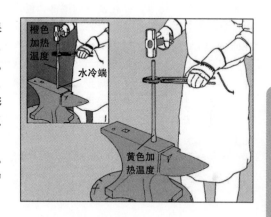

橙色加热温度

水冷端

黄色加热温度

9. 锻造拉长杆件

要延长杆件并减小其直径，将其末端加热到橙色，然后将其放在铁砧上。保持它与铁砧表面呈 10°～15°，并使其略微超出铁砧边缘。用中等的力锤打铁砧边缘杆件的尖端，同时缓慢将其向前推移。继续在铁砧边缘锤打，实际上，正在做的是挤压锤子和铁砧边缘之间的工件。将工件翻转过来并重复该过程，以使铁砧边缘留下的压痕变得平滑，并拉平最初锤击所留下的尖端的轻微弯曲。当工件的两边都平直时，轻轻锤击，以消除其表面上的任何不规则之处。像之前一样，锻出剩下的两个圆形的边。如果要对成品件进行倒圆角处理，将其重新加热为橙色，再将其放回铁砧，并在推移前行中对边角进行锤击。当接近所需的直径和长度时，应减轻锤击。

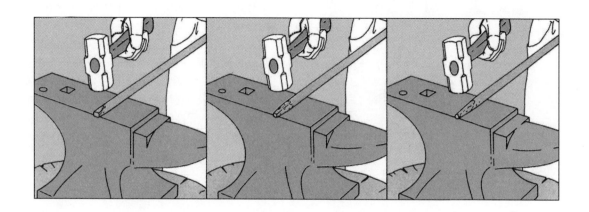

10. 一种用锤和铁砧冲孔的方法

用样冲标记作业孔的中心，然后将金属加热至黄色。让助手将零件靠在铁砧的尾部，使冲孔中心标记与铁砧上的圆通孔对齐。将金属冲头放在此标记上，并用锤子重击一次，将冲头冲至大约孔深的3/4。每三击冲头即对其尖端进行一次水冷淬火，以防止其因受热而粘在工件上。如果工件的厚度超过1in，则可能需要重新加热。

将工件翻转过来，然后再次将其定位在圆通孔上，以部分冲孔的凸起为导向。用锤子猛击冲头，将剩余的金属块从工件上冲出，并通过冲孔。

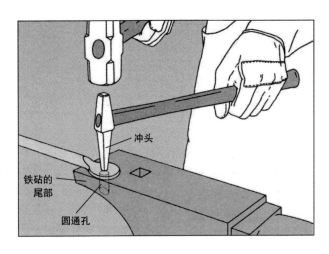

冲头

铁砧的
尾部

圆通孔

11. 用超级加热方式进行锻焊

（1）构建强热、高能量密度的加热方式

用煤和焦炭形成一个碗状的火堆，当火生好后，把一个6in长、2in×4in或4in×4in见方的木材的一端放在火的中心，木材的外侧放在"碗"的边缘。用新鲜的煤完全覆盖住木材，形成一个圆顶，然后在圆顶上洒水。木材会被烧掉，在圆顶的一侧留下一个洞，欲加热的工件可以通过这个洞，置入圆顶内的火中，这种经过控制和强化的火，形成了与通用敞口式加热不同的加热方式，可使工件达到焊接所需的温度。

（2）镦粗焊接坡口

将待焊工件的末端加热至浅樱桃红色，并将其放置在砧面上，用锤子敲击，使工件的末端形成一个稍微凸起的斜面。以同样的方式加热并形成另一个待焊工件的坡口。如果用的是钢，在斜面上撒 1 份硼砂和 4 份硅砂作为焊剂，铁件不需要焊剂。将两个工件放回炉内的火中，慢慢加大鼓风量，直到火焰呈白色，火焰会非常明亮，让人难以直视。

当认为工件已经上升到焊接温度时，将一根直径最多 1/4in 的薄金属测试棒推入火中。金属杆的材质应与工件相同。用测试棒触碰加热的工件，如果工件足够热，可以进行焊接，金属棒就会粘在工件上面。

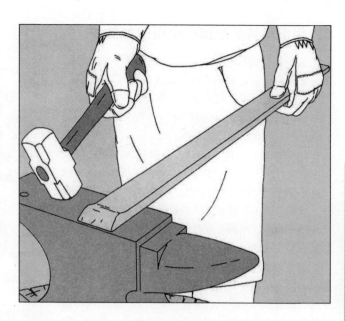

（3）锤击锻焊区

让助手从火中取出一个工件，同时将另一个工件也从火中取出，迅速将两者移至铁砧上。由于处于焊接的加热状态，金属会产生小火花。将一个工件放置在砧座上，坡口向上，然后立即小心地将另一工件放置在其上面，坡口向下，使两工件的坡口重叠。最好的方法是在工件达到焊接热量之前练习该动作。用锤子在重叠部分的中心快速、急剧地敲击两个工件，以固定焊缝。然后在接缝的中心沿第一个打击点的左右两个部位轻轻击打重叠部分。翻转工件，并在另一侧重复相同的锻焊工艺步骤。

要完成焊接，在两侧的整个焊缝上用锤子敲打，闭合接头，并在坡口的圆形表面变平时挤出焊剂。

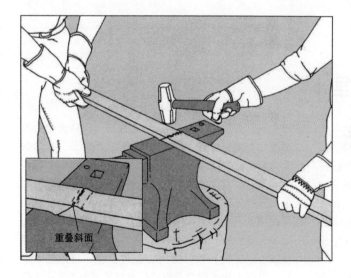

重叠斜面

12. 用旧烧烤炉改造一个锻造加热炉

这种廉价的锻造加热炉适合业余锻工在户外使用，它是由一只老旧的烧烤炉制成的，其腿部坚固，足以支承锻造所涉及的质量。如果烧烤炉底部严重生锈，可以用 1/8in 的金属衬板加固，然后用自攻螺钉或铆钉将其固定在良好的零件上。

用螺母和螺栓将 $2\frac{1}{2}\sim 3$in 的钢管法兰连接到底部中央。在法兰开口上方的底部钻有可向火中供气的气孔。将钢管接头拧入法兰，然后依次连接三通管件、黄铜管接头和管帽。黄铜管接头可防止锻造产生的强烈热量将管帽熔合到管道上，这可能会妨碍取下管帽以清空灰烬。

钢管接头将三通接头连接到手动或电动的锻造鼓风机，或连接到简易的鼓风机，如真空吸尘器。可以使用管道连接器和鼓风门来连接锻造鼓风机，但可能必须自己动手。例如，用底部有孔的聚苯乙烯泡沫塑料杯安装在距离三通管件至少 18in 的延长管上，用作塑料吸尘器软管的适配器。

为了获得最佳的效率，锻炉应该有一个用自攻螺钉或铆钉连接的金属板防风罩。在炉盘的底部铺上一层 1in 厚的陶土或蛭石，以防止高温的氧化作用。

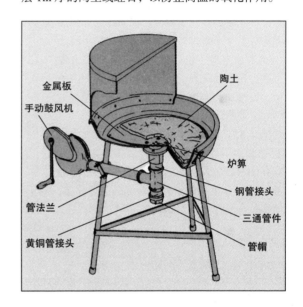

金属板
手动鼓风机
管法兰
黄铜管接头
陶土
炉箅
钢管接头
三通管件
管帽

3.3 气焊（氧乙炔焊）

尽管氧乙炔焊的焊接速度和易操作性不及电弧焊，但对于大多数人而言，它是一种更实用的装置，因为它是可移动的，所以更令人满意。它是由气瓶、压力表和阀门组成的轻型装置，该装置可放在手推车上在车间地面上移动，其氧乙炔炬除焊接以外还具有其他的功能：氧气和乙炔混合燃烧，可产生 6000°F 的火焰，既可以切割金属，也可对金属进行加热弯曲。

像所有的焊接一样，氧乙炔焊是把两块金属熔合在一起，使最终的连接和原来的金属一样牢固。在焊接中有时会使用第三块金属（称为填充金属或焊丝，

可在焊材商店买到），用于填充焊缝，以获得更高的强度。当购买填充金属时，需与供应商确认，以确保其与两个被连接的金属件匹配。

氧乙炔装置的大小取决于氧气瓶和乙炔气瓶的容量，气瓶（罐）的容量为 $10\sim 400$ft^3（1ft^3 = 0.028m^3）。应确保选择与钢瓶尺寸匹配的调节器、阀门和软管。除非大量使用，否则 20ft^3 的氧气和乙炔足够 1h 的焊接或 20min 的切割。这些装置可以在焊接用品店购买，也可以从焊接设备租赁分类目录下的工具租赁机构租赁。如果选择购买设备，当得到它们时，气瓶（罐）可能是空的，可在专业的气体站充气。

当租用氧乙炔装置时，通常租赁商会提供用于不同金属厚度的各种尺寸的焊嘴及割嘴。由于几十家制造商所使用的产品编号系统各不相同，因此单独购买焊嘴或喷嘴可能会造成混淆。要购买合适的尺码，必须查阅特定品牌的尺码表。同一品牌的图表规定了每个规格焊嘴或喷嘴在氧气和乙炔表上设置的压力。

如果是初次焊接，从练习熔池搅拌开始，这是所有焊接的基础技术，它包括用焊炬的火焰移动一滩熔化的金属。掌握此操作后，练习使用填充金属棒进行搅拌。接下来，尝试进行定位焊，该技术是将两个零件临时连接在一个点上，以便在下一步焊接过程中将它们保持对齐。最后，练习 4 种基本接头形式：对接接头、T 形接头、搭接接头和角接头。

对接和搭接用于沿直边连接工件，通常可以互换使用。搭接接头更易于制造并提供更大的接触面积，但对接接头平齐且易于打磨光滑和隐蔽。当使用对接接头来连接两块厚度大于 1/8in 的金属时，必须先用气割割炬将两块金属的边缘切成坡口，以使焊缝引达接头的底部。对于将金属件呈直角连接的 T 形接头和角接头，需要用一对锁紧钳将直立的零件固定到位。为了确保均匀熔化，4 种接头的焊炬和填充金属棒的位置略有不同。

焊接完成后，通常使用盘式砂轮机对金属进行修整或精加工，这种砂轮机可以购买或租用。可以使用各种粒度的砂轮来磨平金属，修圆轮廓，去除划痕、毛刺和铁锈，以及准备用于涂装的金属。使用砂轮机时，应戴上护目镜（它会散发出碎屑和火花），并将工件牢牢地固定在台虎钳中。

除焊接外，还可以使用氧乙炔焊炬进行钎焊，这是一种特殊的技术，可以通过熔化异种金属之间的黄铜或青铜填充焊条来将它们连接起来。钎焊接头制作得更快，但强度比焊接接头要弱一些。表面的清洁至关重要，必须使用砂轮机打磨接头附近的金属，并擦去碎屑。并且钎料必须由制造商预挤压或加热后插入钎剂中，以溶解被连接表面上的氧化物。

钎焊时，将两种金属加热至暗红色，然后用钎料的尖端接触到它们，钎料在沿接头移动时熔化。如果金属不够热，则钎料会滚落成球；如果太热，熔池会冒烟。切勿将钎料直接在火焰中熔化。

当使用氧乙炔炬时，无论是焊接、切割，还是弯曲，安全至关重要。除了下面列出的安全作业程序，正确的着装和无危险的车间至关重要。始终使用焊接护目镜或有色面罩保护眼睛，以屏蔽紫外线和红外线。戴上手套和阻燃工作服或围裙，或没有袖口的工作服。所有焊接均应在通风良好的地方进行，以防止有毒烟雾积聚，并远离易燃材料。

这项作业应在全金属工作台上方的耐火砖上进行。用两块耐火砖支撑工件的两端，而不是将其放在坚固的耐火砖基座上，否则耐火砖中的硅树脂可能会熔化并与金属熔合。不要在混凝土、水泥或沥青上焊接，这些材料中的水分可能在加热下膨胀并引起爆炸。

回火是气焊、气割中的常见事故，它有回烧和回流两种形式，必须对其加以识别，来保护气焊、气割装置本身免受损坏。回烧导致火焰的意外熄灭，往往伴随有爆裂声。这是由于焊嘴、割嘴接触工件，使用脏的或堵塞的焊嘴或割嘴或在错误的压力下操作引起的。当发生回烧时，迅速关闭氧乙炔装置并检查焊嘴或割嘴和压力表。一套焊嘴或割嘴清洁器可用于清除堵塞在焊嘴或割嘴中的炭，并用软钢丝刷清除外部尘垢。

回流则表现为火焰从焊嘴或割嘴尖端消失，而气体继续在焊炬或软管内燃烧。回流从一声巨响开始，然后是刺耳的嘶嘶声。可能是由于使用了错误尺寸的焊嘴或割嘴，以错误的压力操作或让焊嘴或割嘴接触工件而引起的。发生回流时，应关闭气体并检查装置是否损坏，清理并重新起动焊炬，如果不能起动，应将其带到设备供应商处并进行检查。

表 3-2 为焊接安全规则。

表 3-2　焊接安全规则

• 始终将气瓶朝上直立存放 • 请勿在没有保护盖的情况下移动钢瓶 • 请勿让油或油脂接触氧气瓶、阀门、调节器、压力表或配件 • 打开阀门时，请勿站在钢瓶喷嘴的前面 • 务必缓慢打开燃气阀，切勿将乙炔阀打开超过半圈 • 将乙炔瓶的 T 形扳手留在原位，以便在紧急情况下可以快速关闭阀门	• 切勿用火柴点燃焊炬，务必使用火花点火器 • 乙炔的工作压力切勿超过 $15lb/in^2$，压力大于这个值时，气体会爆炸 • 放下焊炬几分钟后，先关闭氧气阀，然后关闭乙炔阀。完成装置的关闭 • 如果闻到乙炔的气味（一种具有强烈的恶臭味的爆炸性气体味道），应立即关闭乙炔气瓶，并尝试找出泄漏点。如果无法解决问题，应联系供应商

氧乙炔装置的剖析

两个气瓶竖立在两轮手推车上，蓝色的一个是氧气瓶，白色的一个是乙炔气瓶，这些气瓶用链条连接在一起以防翻到。顶部的 T 形扳手可打开乙炔气瓶的阀门，氧气瓶的阀门通过旋钮打开。在不使用时，每个阀都加盖一个气瓶保护帽，该保护帽拧在气瓶的颈部。

在每个阀的侧面，带有两个压力表的双调节器，可测量钢瓶中的压力和软管中的工作压力。工作压力通过每个调节器前面的 T 形螺钉进行调节。用单独的软管（红色的用于乙炔，黑色的用于氧气）将两种气体输送到焊炬、割炬，在焊炬顶端，氧气阀和乙炔阀控制每种气体的比例。

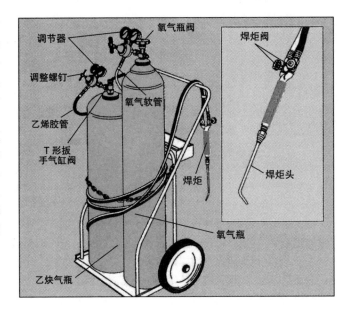

调节器　　氧气瓶阀　　焊炬阀

调整螺钉　　氧气软管

乙烯胶管

T 形扳手气缸阀

焊炬　　焊炬头

氧气瓶

乙炔气瓶

1. 设置气焊装置

（1）清洁阀门

取下乙炔钢瓶的保护帽，钢瓶直立，使阀喷嘴远离人体。

逆时针方向旋转 T 形扳手约 1/4 圈，稍微打开阀门。1s 后，顺时针方向旋转将其关闭。擦拭阀喷嘴的内部，清除阀座上的污垢。

取下氧气瓶的保护帽，然后重复上述过程，清理氧气阀，再次擦拭喷嘴的内部。

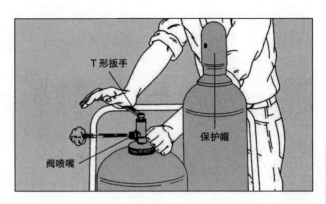

（2）连接调节器

逆时针方向旋转乙炔调节器的调节螺钉，直到感觉不到阻力。将调节器配件安装在阀喷嘴上，并先用手拧紧调节螺母，然后再用扳手拧紧，直到非常紧。按照相同的步骤安装氧气调节器。

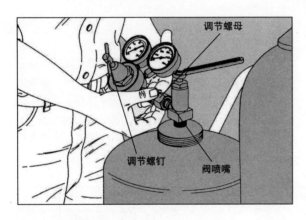

（3）连接软管

将红色软管连接至乙炔调节器，将绿色或黑色软管连接至氧气调节器。乙炔软管接头旋入连接器接口，并逆时针方向拧紧；氧气软管接头顺时针方向拧紧。

如果软管是新的，则它们可能衬有滑石粉，应将其吹掉。为此，一只手抓住软管的自由端，将其指向远离人体的位置。缓慢打开乙炔钢瓶阀，然后顺时针方向旋转调节器的调节螺钉，直到调节器的作业压力

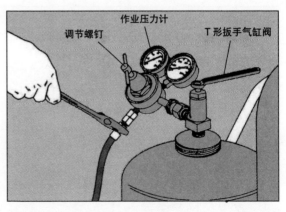

表读数为 10psi（约 0.07MPa）。大约 2s 后，关闭调节螺钉和气瓶阀。用同样的方法吹氧气软管，打开钢瓶阀门，然后转动氧气瓶上的调节器调节螺钉，使作业压力计达到 10psi。然后关闭螺钉和阀门。

（4）组装焊炬和焊嘴

选择合适的焊嘴，然后将其拧到焊炬的末端。将红色软管连接到标有燃料或气体的燃气接口上，将绿色或黑色氧气管连接到标有氧气的接口上。逆时针方向旋转乙炔软管螺母，顺时针方向旋转氧气软管螺母。用扳手拧紧两个螺母。

检查焊嘴是否干净。如果不干净，应先用比焊嘴孔稍小的清洁器，将其小心地、笔直地插入孔中，以免损坏开口，再用与焊嘴孔大小相同的清洁器，并重复清洗过程。

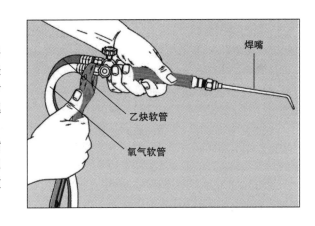

焊嘴

乙炔软管

氧气软管

（5）检查泄漏

为确保焊炬阀关闭，顺时针转动氧气和乙炔阀。站在一侧，缓慢打开氧气瓶阀门半圈。旋转调节螺钉，直到氧气作业压力表读数为20lb。将乙炔气瓶阀门打开1/4圈，然后旋转调节螺钉，直到乙炔作业压力表读数为5lb。关闭两个钢瓶阀门，并观察钢瓶压力表，如果压力下降，则有泄漏。重复上述（2）~（4）步骤，

拧紧所有接头，然后重复测试。

如果拧紧接头不能解决问题，用清洗液刷洗所有接头和软管，以找到泄漏点，该清洗液是由一碗液体洗洁精和1USgal（1USgal=3.785dm³）水混合而成（请勿使用含羊毛脂或油的肥皂），泄漏处会出现气泡。如果配件泄漏到无法纠正的程度，则应更换。成功进行泄漏测试后，将调压器重置为正确的工作压力。

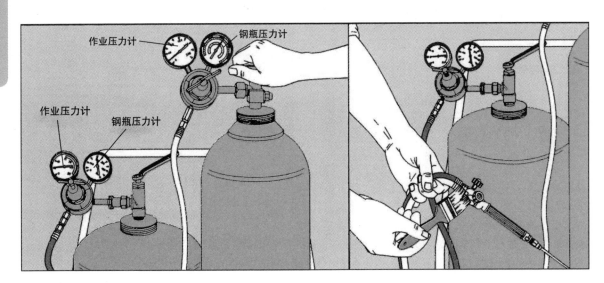

作业压力计   钢瓶压力计

作业压力计

钢瓶压力计

2. 关闭气焊装置

（1）排空管路气体

　　关闭焊炬上的两个阀（先关乙炔阀，然后关氧气阀），然后关闭乙炔和氧气瓶的阀门。打开焊炬的乙炔阀，直到乙炔钢瓶上的两个调节器压力表都显示为 0，然后关闭焊炬的乙炔阀。用相同的方法排空氧气管内的气体。

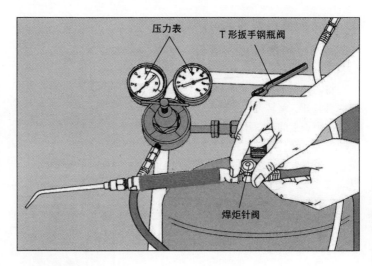

（2）松开调节螺钉

　　逆时针旋转乙炔调节器的调节螺钉，直到感觉不到阻力。然后同样逆时针旋转氧气调节器的调节螺钉。卷起软管，将其悬垂在推车上，以免它们拖到地板上。将焊炬放在推车背面的架子上。

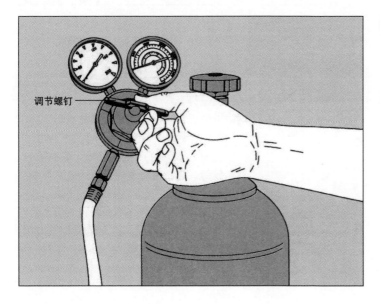

3. 如何点燃和调整火焰

（1）点火

　　将乙炔瓶阀门打开 1/4 圈，将氧气瓶阀门一直打开。旋转调节器调节螺钉，直到调节器压力表上的作业压力与所使用的焊嘴建议的压力相符。将焊炬上的乙炔阀打开约 3/4 圈，并将点火器保持在离焊炬尖端约 1in 处，以点燃乙炔。如果火焰冒烟，则添加更多的乙炔，直到烟雾消失，此时，火焰的底部应该刚好接触到焊嘴的尖端。

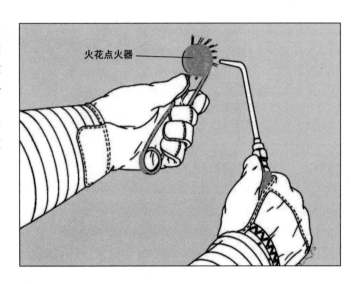

火花点火器

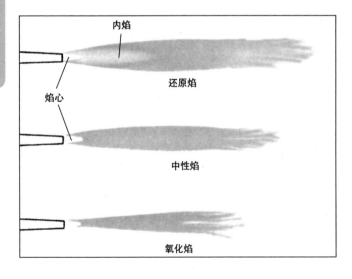

内焰

还原焰

焰心

中性焰

氧化焰

（2）调整火焰

　　缓慢打开焊炬上的氧气阀，直到焊嘴尖端附近形成清晰的蓝白色内锥状火焰。调节阀门以获取所谓的中性焰，焰心为浅蓝色。

　　过量的氧气会产生氧化焰，焰心尖锐，外焰较短。它将使金属过热，还会使焊缝产生气孔。氧气太少会产生带有一个焰心和一个内焰的还原焰，焰心小而圆，内焰大而模糊带有羽毛状的边缘，还原焰使金属增碳，形成脆性焊缝。

4. 气焊的基本技术：形成及移动熔池

在两个耐火砖上放一块 1/16in 或 1/8in 厚的金属工件。点燃焊炬并调节至中性火焰。焊嘴与工件成 90° 角，火焰的内焰距离金属表面约 1/16in，直到形成圆形熔池。然后将焊炬向一侧倾斜约 15°，一边画圈，一边沿其尖端指向一次向前移动约 1/8in。持续画圈，以使金属表面形成熔池。如果熔池太深，则加快焊炬向前移动的速度。如果熔池较小且轮廓不规则，则要更缓慢地移动焊炬。

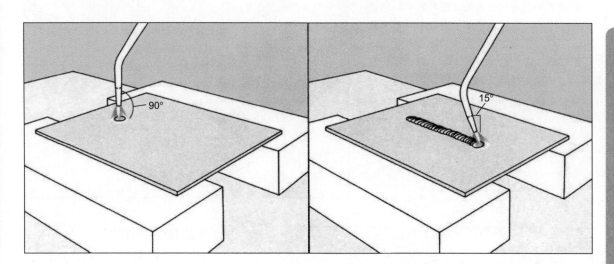

5. 用填充金属棒（焊丝）作业

用焊丝搅拌熔池

选择直径与金属板厚度相同的焊丝，然后加热该板直至形成熔池。倾斜焊炬并开始熔池搅拌。同时，将焊丝的顶端插入熔池的中心，使焊丝与焊炬保持相同的角度，但向相反的方向倾斜。以圆周运动推进焊炬，且使焊丝头保持在其前方。如有必要，将焊丝在熔池中抬起，以形成均匀的比其周围的金属板略高的金属焊道。

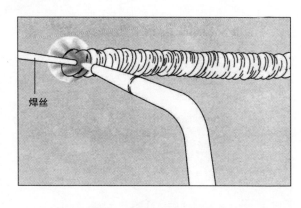

焊丝

当将焊丝从熔池中抬起时，使其顶端刚好位于火焰内，以免冷却或变硬。如果焊丝的顶端粘在熔池中，切勿用力拉拽，而是用火焰直接对准焊丝，直到其充分熔化，以便可以使其轻轻脱离熔池。

6. 如何焊接对接接头

（1）试板定位

用两块耐火砖悬空支撑将要连接的两块金属板。焊接间隙约为 1/16in。点燃焊炬，将其调整为中性火焰，然后将火焰保持在接头中心，焊炬画小圈。当金属开始熔化时，用焊丝接触接缝，将母材和焊丝熔化成一个熔池。焊炬继续画圈。将金属板定位在一起时，抽离焊炬，再对接缝的两端进行定位焊。然后沿接缝每隔 4～5in 进行一次定位焊。

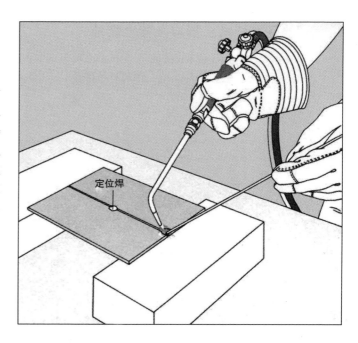

定位焊

（2）完成接头的焊接

如果是右手操作，则从右边缘开始作业；如果是左手操作，则从左边缘开始作业，沿着焊缝移动熔池，用焊炬将边缘熔合在一起，并填充焊丝加固接头。作业时，焊炬和焊丝的相对位置与搅拌熔池时一样。

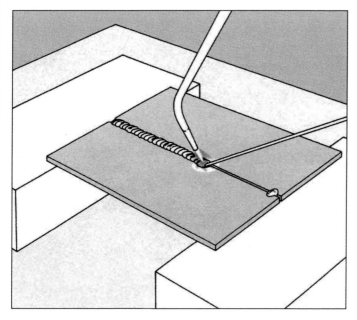

7. 搭接接头的装配、焊接

（1）焊前准备

　　用两块耐火砖悬空支撑两块金属板，将一块重叠放在另一块上，重叠量不小于1in。为了支撑上部的金属板并保持水平，在其下方置入一块废金属，其厚度与待焊接板的厚度相同。从板的搭接中心点开始进行定位焊。将焊嘴对准下板，以使火焰均匀地熔化两边的金属。接头的两端也要进行定位焊。

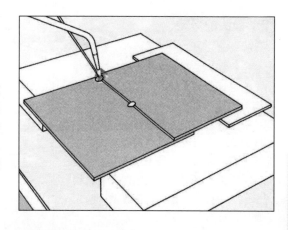

（2）完成搭接接头的焊接

　　焊接时，如果是右手操作，则从右到左作业，如果是左手操作，则从左到右作业。焊炬画圈向前移动，把火焰对准搭接边缘，使其能加热熔化上下两部分金属。将焊丝紧靠熔池的上半部，靠近上面的金属，以使凸起的金属焊道均匀分布在两个金属表面。

支撑

8. 焊接 T 形接头

（1）试件定位

　　将一块金属板放在两个耐火砖支架上，第二块金属板与之保持直角，用钳子夹住垂直的一块，形成一个T形。将点燃的焊炬对准接头的一端，焊炬画圈摆动形成自熔定位点。然后放下钳子，并用一根焊丝将接头的中心点和另一端点定位。不用焊丝的第一个自熔定位点应该足够坚固，以便在完成其余的定位焊前稳定垂直的工件。

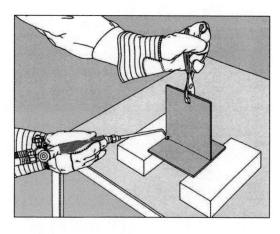

（2）接头的焊接

　　焊接时，如果是右手操作，则从右端开始；如果是左手操作，则从左端开始，把焊炬头对准接缝。握住焊炬，使焊嘴与工件成45°角，位于两块金属之间。沿接缝移动焊炬和焊丝，焊炬做圆周摆动来搅拌熔池金属。将火焰的焰心保持在金属表面上方约 1/16in 处。在焊缝的上半部，将焊丝的顶端保持在稍稍高于熔池中点的位置，这将有助于防止垂直工件过热。

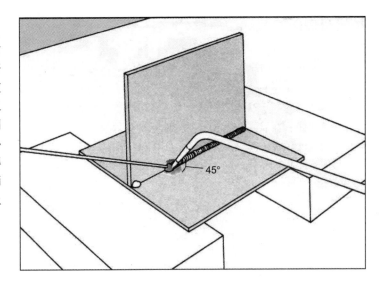

9. 焊接角接头

（1）接头装配

　　在两块耐火砖之间垂直楔入一块金属板，用钳子夹住第二块金属板工件，水平置于与第一块板件成直角的位置。在接头的中间部位，将焊嘴对准两块板的接缝，焊炬圆周摆动，以形成自熔定位点。然后在两端以相同的方式，形成自熔定位点。可以使用填丝来增加这些定位点的强度。完成定位后，将待连接的工件在耐火砖上以倒 V 形放置。

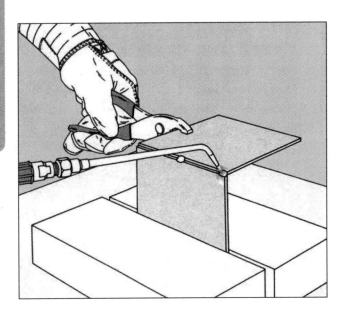

（2）角接头的焊缝填充

焊接时，如果是右手操作，则从右端开始；如果是左手操作，则从左端开始。焊炬做圆周摆动并移过拐角的边缘。握住焊炬，使火焰的尖端被接缝分开，使焰心的尖端保持在接缝上方 1/16in 处。焊接完成后，填充金属应填满两块金属之间的夹角。

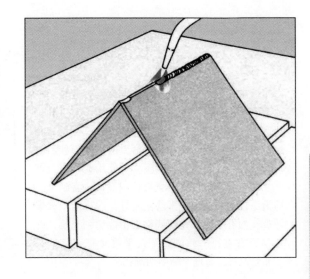

3.4 气割

氧乙炔炬安装有特殊的切割附件（割嘴），可将其转换为一种切割直线或曲线的工具，割出小孔、大孔，或者切割管道和实心金属棒。割炬也是用于厚板金属焊接坡口加工的理想工具。

切割之前，割嘴会产生一圈火焰，将金属预热为鲜红色。金属被加热后，压下切割压杆，将氧气吹过割嘴中心的切割孔，当割嘴沿切割线移动时，将金属烧掉。在预热过程中，割嘴保持在金属上方约 1/2in

处；在切割过程中，稍微抬高割嘴。为了精确起见，使用滑石笔标记切割线，即使加热，其痕迹仍然可见。或者用样冲标记该线，压痕的间距大约为 1/4in。沿切割线夹住金属的夹具也可用于引导割炬。

与气焊类似，不同的割嘴尺寸可切割不同厚度的金属。所用割嘴品牌的图表会给出建议的尺寸，以及规定的氧气和乙炔工作压力，该压力与焊接时所使用的压力不同。

割炬的剖析

切割附件拧在割炬的手柄上，通过一根管子将氧气和乙炔的混合气体送入割嘴上的一圈小孔中，该混合气体用于预热金属以便于切割。为了切割金属，由切割压杆打开和关闭的另一根管子，将未混合的氧气输送到割嘴中心的切割孔。氧气控制旋钮用于调节预热孔的氧气流量。中心的切割孔承受全部压力。

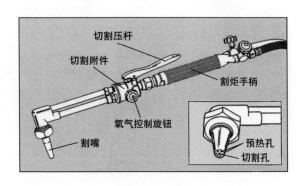

1. 准备氧乙炔气割装置

调整火焰

　　按照前面气焊的方法安装气割装置，并将切割附件及割嘴拧到割炬的手柄上。转动调节器上的调节螺钉，直到氧气和乙炔的工作压力与割嘴尺寸相匹配。点燃割炬时，将割炬手柄上的氧气阀和乙炔阀打开大约半圈，然后在割嘴尖端使用火花点火器点火。调节切割附件上的氧气控制旋钮，直到预热火焰为中性焰。快速按下切割压杆，检查切割火焰的外观。如有必要，重新调整至中性切割火焰，并检查是否有直径一致的内焰几乎贯穿整个火焰长度。如果没有，清理割嘴的切割孔。

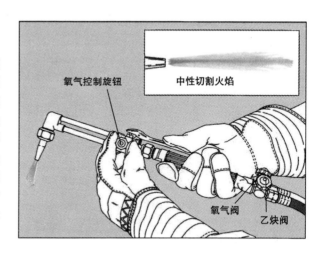

氧气控制旋钮

中性切割火焰

氧气阀

乙炔阀

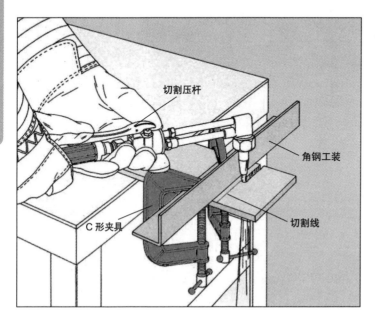

切割压杆

角钢工装

C 形夹具

切割线

2. 沿直线气割

使用自制工装

　　用滑石笔或样冲在金属上标记一条切割线，然后将工件放在金属台面上，使切割线与工作台的边缘相距至少 5in。使用两个 C 形夹具在切割线后方约 1/4in 处固定一段角钢，用作气割工装。将割炬的侧面靠在角钢上，沿切割线预热金属。可以将前臂支撑在桌子上来稳定割炬。当金属变成鲜红色时，逐渐按下切割压杆，并沿线平稳移动切割火焰，并用角钢引导割嘴。

3. 用割炬切割斜边

利用角钢切坡口

标记切割线，然后将工件放置在工作台上，使切割线离开工作台边缘约5in。将一段角钢倒置，形成倒V形切割工装，将其置于切割线以里1/4in处。为了将角钢工装固定到位，将其后边抵靠在两个C形夹具的边脚。沿切割线预热金属，当金属变成鲜红色时，按下切割压杆，然后沿切割线平稳地移动切割火焰。将割炬的侧面靠在角钢的倾斜面上，以便以45°角切入金属。

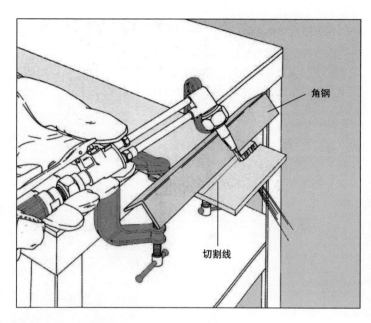

角钢

切割线

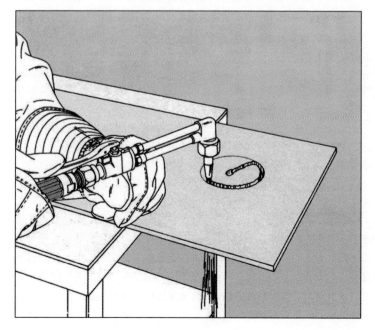

4. 用割炬切割孔或管

（1）切割大孔和小孔

对于直径不超过1/2in的孔，先预热切孔点，将割嘴保持在金属表面上方约1/16in处。逐渐按下切割压杆，并稍微抬起割嘴以刺穿金属。对于较大的孔，勾勒出该孔的轮廓，在轮廓中心切孔，切到外围，沿着轮廓引导割炬。

（2）切割管

在管子的圆周上画出切割线。从管的顶部（12 点位置）开始，将割嘴对准切割线，对金属进行预热，按切割压杆切出一个孔。

保持割嘴头始终对准管子的切割线，从一侧切到底部的中点。松开切割压杆，提起割炬，然后再次从管道顶部开始，重新加热管道并开始另一侧的切割。

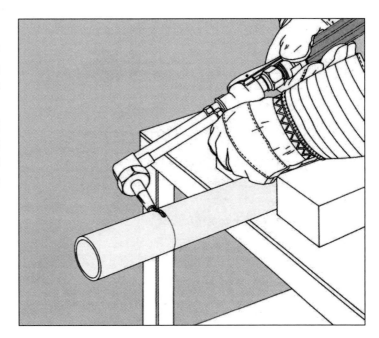

3.5 钢材的火焰加热搣弯

尽管软金属或薄金属可以冷弯，但厚钢板必须加热才具有延展性。所需的热量由氧乙炔炬提供，适配的焊将火焰均匀地分布在要弯曲的区域上。最好的焊嘴是称为玫瑰花蕾的特殊焊嘴，它有 6 个火焰喷口。还可以使用能够焊接 1/4in 厚的金属的标准焊嘴，大多数制造商都将其标记为 5 号焊嘴，或者可以使用 3 号或 7 号焊嘴。

使用氧乙炔设备弯曲金属时，与焊接时一样，必须戴有色面罩或有色护目镜，以保护眼睛免受火花和眩光的伤害。还需要绝缘的焊工手套和车间围裙或工作服。确保按照说明和安全预防措施安装氧乙炔装置。

这里介绍的弯曲技术可用于对直径不超过 4in 的低碳钢棒、厚度不超过 4in 的扁钢和标准盖模制件（用于楼梯扶手的原材料）进行简单的单次弯曲。较重的原料或需要复合弯曲的工件需要特殊的弯曲机械，通常只有在金属加工车间才有这种设备。

进行任何弯曲的第一步是用滑石笔标记其位置，然后将工件固定在防火工作台上的台虎钳中。

许多弯曲作业不需要其他工具。如果待弯曲处距离工件末端至少 8in，则可以在弯曲点加热金属，然后戴上手套用手向下压工件末端来进行弯曲。如果折弯处更靠近末端，则需要在工件末端套上一段加以延长。可以在金属冷却后，用带有量角器头的组合量角器检查角度，然后重新加热并进行调整，但是在同一位置重复加热和冷却最终将导致金属热疲劳。

当要将金属弯曲成类似拐杖头的曲线时（如要在楼梯扶手的末端使用），可能必须制作专用弯曲工具。常用工具难以进行这种角度和形状的弯曲。

弯曲工具是由在两根较长槽钢之间焊接 1 ft 长的楼梯扶手立柱制成。在槽钢另一端焊接一块条形金属棒形成一个 T 形手柄。

用固定的弯曲导向装置（称为胎具）可以进行厚金属的光滑弯曲；胎具通常只是一条半径与弯曲曲率相同的厚壁管而已。将胎具和金属夹在台虎钳中，一旦金属变热，只需将其缠绕在胎具上即可。

1. 简单的直弯

（1）加热金属

用滑石笔在木料上划一条线以标记弯曲的位置，用台虎钳夹住原料，点燃焊炬并将其调整为中性火焰，沿标记线用火焰来回加热，保持火焰直接作用在标记线上，以确保弯曲是笔直的。

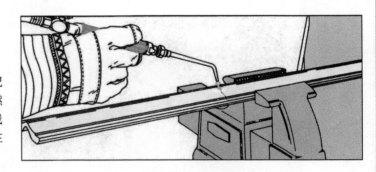

（2）弯曲金属

当标记线的区域为亮橙色时，关闭焊炬并将其放在一边。用一只手笔直向下按金属的末端（施加均匀而有力的下压力）以使其弯曲。用钢丝刷刷掉弯曲处的水垢。在金属冷却到不会损坏工具的程度后，将量角器抵住工件，以检查弯曲角度。如果角度不正确，重新加热金属并调整弯曲度。

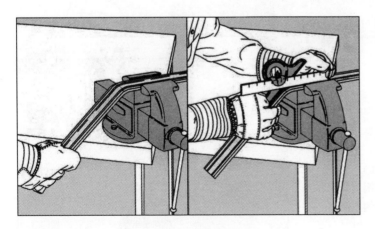

2. 完成栏杆末端的曲线

（1）标记并加热原料

在弯曲开始处做标记线，将工件夹在台虎钳中并点燃焊炬，调为中性火焰。从标记线的一端开始，焊炬火焰沿欲弯曲部分的边缘绕向标记线的另一端，再移至起始端，重复此步骤，直到整个部分变为亮橙色。关闭焊炬并将其放在一旁。

（2）折弯

使用专用弯曲工具，在加热区末端约 1/4in 处夹住待弯曲的金属，并将其向下弯曲，然后加大力度将其向下弯曲成曲线，就好像用开罐器打开罐头一样。沿金属顶部观察弯曲是否均匀，如果不均匀，使用弯曲工具的侧面将仍热的金属敲打成线。用钢丝刷去除金属上的水垢。

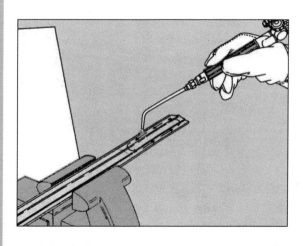

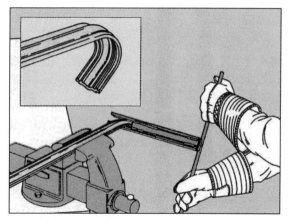

3. 均匀弯曲

使用胎具

用台虎钳夹住一段管子（胎具）及要弯曲的金属。加热欲弯曲部位，直至其变为亮橙色。如果弯曲部分长度超过 8in，戴上手套，握住金属的末端进行弯曲；如果弯曲部分长度小于 8in，则使用套管套住金属。一边加热一边弯曲，直到形成均匀的弯曲。

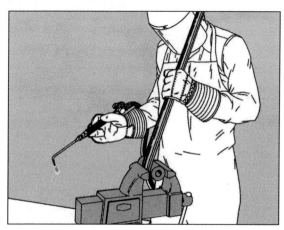

3.6　电弧焊——利用电弧进行金属连接

当强电流通过由焊接装置组成的电路时，因短路而发生的空气放电会产生电弧，焊接电弧的弧光是特有的、引人注目的亮蓝色光。当电流在金属电极和工件之间通过时，电弧产生 7000~10000°F 的温度，使电极（焊丝、焊条）的尖端和一部分母材熔化，形成与原始母材一样坚固的焊缝。

为了成功进行电弧焊，必须首先学习在合适的时间段内，在适当的位置上施加正确的电流，这种操作称为"引弧"。然后以一定的速度移动电弧，该速度应足以使电弧熔透金属工件并凝固形成均匀的焊缝。

对焊接过程中发出的强光和热，需要采取特殊的防护，以保护皮肤和眼睛。

有两个参数可以区分市场上的各种焊机：一个是额定输出电流；另一个是负载持续率，该参数表明每 10min 内有多少分钟可以输出额定电流而不会使焊机过热。例如，额定电流为 225A，负载持续率为 60% 的焊机，每 10min 内输出额定电流 225A 的焊接时间不超过 6min，焊机必须冷却 4min。

电弧焊接设备（焊机）很少长时间处于输出最大功率的状态。对于家庭焊接作业，具有 20% 负载持续率，额定输出电流为 225A 的交流焊机是一个很好的选择。买一台有连续电流调节的焊机，这样就可以微调电弧了。焊接用品商店可以提供一个有绝缘保护的焊钳、一个工件夹、电缆和连接器，以匹配焊机的额定电流。

焊机应在防火性能良好的地方使用。最好是车库或通风良好的地下室，有水泥地面和砖石墙。可以在砖石地面上的耐火砖上焊接，也可以在户外作业。作业场地必须有一个 220V 的电源，并配有独立的断路器。

在焊接前要根据母材选择正确的焊条。焊条是敷有药皮的金属棒，在焊接过程中药皮中的成分会熔化和蒸发，以保护熔融的金属不受空气中氧气和氮气的影响，因为氧气和氮气会削弱焊缝的强度。药皮中部分成分与熔池金属混合，将熔池金属中的杂质漂浮到熔池顶部，形成熔渣，凝固后成为绝缘壳层。焊条药皮的类型会影响电弧的行为和电弧熔化母材的深度。

在美国，现有的数百种焊条都是根据美国焊接协会代码分类的。代码的前两个数字乘以 1000，表示焊芯的抗拉强度。第三个数字表示焊条适用的焊接位置（平焊、横焊、立焊或仰焊），1 表示全位置，2 表示横焊和平焊，3 表示仅平焊。最后一位数字表示焊条适用的电流类型是交流还是直流。

购买焊条时，通常焊芯的成分要与母材的成分相匹配，焊芯直径应与母材的厚度相匹配。1/8in 的焊条也可用于较厚的母材，但要开坡口，然后逐层焊接。

如果是初学者，请先练习使用直径为 1/8in 的 E6013 型焊条焊接 3/16in 的低碳钢板。然后尝试使用焊接供应商推荐的焊条来焊接。

无论购买什么焊条，都应该附有使用的焊接电流范围的说明。

表 3-3 为电弧焊机安全使用指南。

表 3-3　电弧焊机安全使用指南

• 千万不要在没有焊接头盔面板的情况下引弧，不要让未受保护的人靠近电弧 • 在任何时候都要戴上护目镜，既可以在电弧意外击中时保护眼睛，也可以保护眼睛不受金属颗粒的伤害 • 不要让皮肤暴露在电弧的热量中。戴上厚皮革手套或石棉手套，把衬衫的领子扣好，把袖子卷下来。穿深色的皮革或不含油脂的耐火棉衣服。焊接时不要穿合成纤维的衣服 • 扎好裤腿，并扣好口袋的扣子，避免金属飞溅落入。作为进一步的预防措施，请穿覆盖脚踝的厚靴子 • 用钳子或镊子，而不是用手来抓住已焊接的金属：工件和焊条都会非常热	• 确保作业场所通风良好。在镀锌钢板上作业时，使用便携式风扇来增加通风，因为这些钢板会释放出有毒气体 • 从焊接区域清除所有可燃材料，并准备好灭火器。如果发生火灾，在用灭火器灭火之前拔掉焊接设备的插头 • 不要在潮湿的地方焊接，保持手和衣服的干燥 • 定期检查设备。如果焊钳、工件夹或连接器松动，或任何部分的绝缘显示磨损的迹象时，不要使用焊机 • 当清洁、检查或修理焊机时，请断开焊机电源

1. 一台可将工件加热到 7000°F 的机器

　　当这个交流焊机的电源线插入一个 220V 的插座时，内部的变压器将电压降低到大约 80V，同时将电流增加到高达 230A。有两个接口可以接焊钳电缆，一个是大电流接口，一个是小电流接口。在这两个范围内，手摇曲柄可进行更精细地调整电流，如机器前部的电流表所指示。第三个接口是工件电缆接口，用于接通工件电缆，该电缆连接工件夹。

　　在操作中，将工件夹固定在工件上，打开电源开关，用焊钳夹持焊条，焊条接触工件，并迅速回抽即可引燃电弧，将其加热到 7000°F 以上。电流从变压器输出，通过焊钳电缆、焊钳、焊条、电弧、工件、工件夹和工件电缆形成了通往变压器的电路。

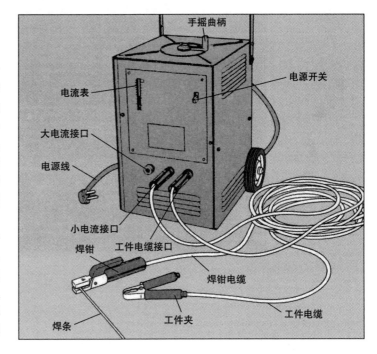

2. 掌握焊接的基本操作

（1）引弧

　　将电流设置为 115A，工件夹固定在一块低碳钢废料上，然后将焊条的裸露端以 90°角插入焊钳的钳口中。打开机器。

　　将焊条的顶端定位在工件上方 1in 处，向下翻转焊工面罩，然后将焊条朝工件移动，像划一根长火柴一样轻轻在金属工件上划擦。

　　一旦出现电弧，将焊条抬高至工件上方 1/8in，使其垂直于金属表面。当母材上出现熔池时，移动焊条以形成新的熔池。如果焊条接触到工件，它就会粘在金属上，通常可以通过快速旋转将其释放。然而有时有必要将焊条从焊钳中取出来，用锤将焊条敲松。

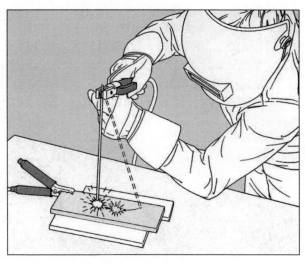

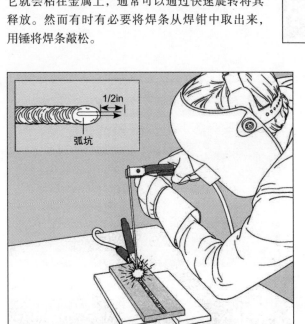

（2）完成焊道

　　在厚度为 1/4in 的低碳钢废料的一端引弧。当熔敷金属在焊条尖端附近的熔池中开始堆积时，将焊钳稍微倾斜一点，以使焊条的上端朝行进方向倾斜约 15°，然后将焊条以约 2in/min 的速度在工件直线移动。听电弧的声音，当焊条在母材上方正确的距离并以正确的速度移动时，会听到像煎炸培根的尖锐噼啪声。

　　随着焊条的消耗，要稳定降低焊钳高度，以将电弧长度保持在 1/8in。如果在焊条缩短至 2in 之前完成焊接，则清理焊缝。如果焊条缩短至 2in 时仍未完成焊接，则要更换焊条，清洁焊缝，然后继续焊接。

　　要完成一个中断的焊缝，在焊道末端的凹陷（弧坑）以外 1/2in 处引弧，将焊条回移至弧坑上方，将新的填充金属与原焊缝金属熔合在一起，然后继续沿原焊接方向进行焊接。

3. 用锤子和钢丝刷去除焊渣

用镊子或钳子夹住热工件，待覆盖焊缝的渣壳松动；用凿锤的方形端沿着焊缝的长度敲击。然后将锤子的尖端沿着焊缝和工件的接合处去除焊渣。

用硬钢丝刷彻底清洁焊缝。沿焊缝的整个长度用力刷，以扫除最后残留的焊渣颗粒。

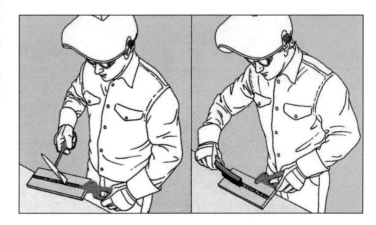

4. 从焊缝外观判断参数是否正确

从表面和横截面（图的上方）看，这7个焊道显示了三个主要焊接参数的作用：电流、电弧长度和焊接速度。

左边第一条焊缝的平滑均匀波纹表示焊缝成形良好，在工件表面的上方和下方明显有相同数量的熔敷金属。往右看，第二条和第三条焊缝显示出受不正确电流的影响。第二条焊缝，由于电流值太低，无法保证母材有足够的熔合。第三条焊缝，过大的电流使焊道过宽，并有较大的飞溅。在第四和第五条焊缝，焊工误判了焊条与工件之间的距离。

弧长太短会使焊道凸起成球状。弧长太长会使熔深减小、飞溅较大。第六和第七条焊缝说明了焊条

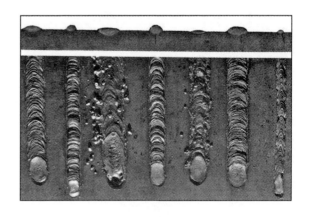

沿工件移动的速度的重要性。移动太慢则熔敷金属过多，而移动太快则会形成浅而细长的熔池。

5. 对接和角接（两种主要焊缝）

（1）定位焊

　　为防止电弧的热量使要连接的金属变形，用焊点或短焊缝将两个工件临时固定的工艺称为点焊。先在接缝的两端进行定位焊，再在接缝长度上每隔 6in 进行定位焊。引弧，并根据母材的厚度，将焊条的尖端在需定位处上方 1/8in 处保持 2~4s。

　　如果对接母材的厚度等于或大于 1/4in，请以 30°角斜切接口的边缘。将斜面底部打磨或锉削出 1/16in 高度的垂直钝边，清洁并弄平斜面，然后在坡口的底部进行定位焊。

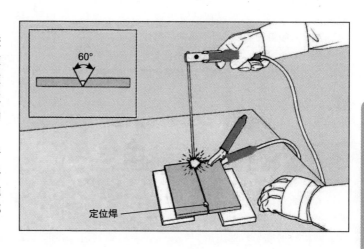

（2）对接接头的焊接

　　厚度小于 1/4in 的金属对接时，使用与前述相同的操作方法，在电弧熔透母材时将焊条向前移动。

　　厚度大于或等于 1/4in 的金属对接时，要进行多层焊接。进行第一层——打底层的焊接时，焊条的尖端几乎碰到坡口的边缘。打底层为后续焊层创建了坚实基础。每焊完一层都应彻底清洁焊缝，然后再焊上面的一层，直到焊缝位于金属表面上方 1/16in 处。为了用最后一层（盖面层）覆盖接头的整个宽度，焊条的尖端应在坡口两边缘轻微地来回摆动。

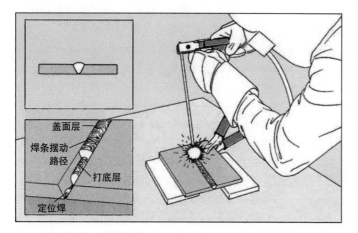

（3）角接接头的焊接

握住焊条，使它平分接头的角度（通常在底板上方 45°），引弧，然后沿接缝缓慢移动焊条，使其向行进方向倾斜约 20°。调整焊条的移动速度，使其尖端始终位于熔池的前缘上方。如有必要，调整电流设置，以产生横截面为三角形的焊缝，其三边长度大致相等。焊缝的深度（称为焊喉）应等于金属工件的厚度。

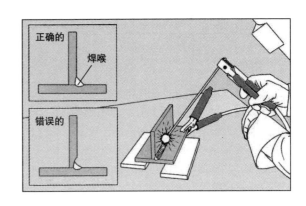

3.7 制作钢楼梯围栏

大多数钢围栏是由垂直钢筋制成的，该垂直钢筋焊接在梁和立柱的框架上。如果梁是沿着楼梯的角度，则栏杆形成平行四边形；如果梁沿着门廊的边缘，则栏杆形成矩形。该框架顶上通常装有装饰性的扶手。要制作长围栏，可以用一连串的立柱连接几个框架。

无论围栏的结构如何，立杆通常是 1/2in² 的实心钢筋。栏杆可以用 1in² 的 11 号钢管制成，也可以用 1in² 的实心钢筋制成（以增加强度）。传统上，梁由 1in 宽的槽钢制成，并在其上打有方孔，用于安装竖杆；扶手焊接在上梁的顶部。不过将上梁预制成扶手的形状可以省时省钱，与梁边缘平行的扶手凸缘可将竖杆固定在合适的位置，以便焊接。

在为楼梯或门廊制作围栏之前，请查阅所在地区的建筑规范。这些规范是规划栏杆和订购材料的基础。

订购材料时，可请供应商将钢材切成一定长度。上梁的长度应等于围栏的长度，在两端的装饰弯曲处应各增加 5in，如果弯曲处位于楼梯围栏的底部，则应增加 6in。对于第 93 页所示的围栏，测量从顶部台阶的边缘到底部台阶的边缘的长度，并为两个立柱增加 2in，即可确定围栏的长度（不包括弯曲部分）。下梁的长度也是这个数字，然后在制作过程中进行调整。

要计算栏杆的高度，可在下梁到底部台阶的距离上增加 1/2in，然后从围栏高度中减去该总和。下梁的位置和围栏的高度通常由法规规定。立柱的长度取决于它们如何固定在楼梯或门廊上。如果直接在混凝土上钻孔安装，则立柱长度应等于栏杆高度加 4in；如果门廊或楼梯铺有瓷砖，则再增加 3in，以使立柱穿过瓷砖并进入下面的混凝土；如果门廊或楼梯的混凝土厚度小于 4in，则应订购与围栏高度相等的立柱，并用立柱法兰和拉力螺栓将其固定。

可请供应商预先在槽钢上打孔以固定钢筋；大多数建筑规范要求孔的间隔为 6in。对于斜栏杆，孔必须略呈矩形，即 1/2in 宽、5/8in 长。如果供应商无法对钢材进行预钻孔和剪切，可自己用钢锯切割，然后钻孔并锉平。

材料备齐后，应在一张 1/2in 厚 4ft×8ft 幅面的胶合板上绘制围栏的全尺寸模板。由于胶合板的一个边缘将作为所有尺寸的基准，因此该边缘必须光滑，边角必须方正。

要用对接焊缝和角接焊缝将以上材料连接在一起，制成围栏，还需要直径为 1/8in 的 E6013 焊条。焊接完成后，将焊缝打磨平整，在栏杆上刷防锈底漆，并搪瓷。

第 3 章 金属的热加工

楼梯钢围栏

　　该楼梯围栏在短的楼梯段中提供了坚固的扶手，它由栏杆组成，栏杆的底部焊在作为下梁的槽钢上，顶部焊在预制成形的上梁上。栏杆的一端插入下梁的预制孔中，另一端插在上梁的凹槽中。上、下梁的凸缘可以遮挡焊缝。在开始其他工序之前，先用氧乙炔焰制作上、下梁的弯曲。

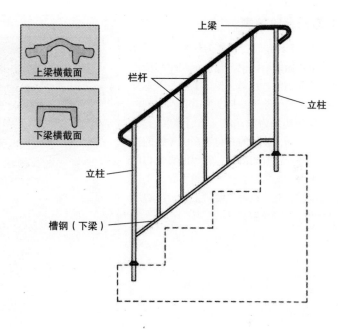

上梁横截面

下梁横截面

上梁

栏杆

立柱

立柱

槽钢（下梁）

1. 制定模板以建立所需角度

立柱线

立柱角

阶宽

阶高

测距仪

（1）测量台阶

　　四个尺寸对于绘制楼梯围栏至关重要。首先测量从最上层台阶边缘（门廊或门廊的边缘）到底部台阶边缘的对角线长度。然后测量台阶的尺寸：它的水平深度（称为阶宽）和高度（称为阶高）。在一个小的矩形胶合板（测距仪）上标记立柱角度（立柱与楼梯坡度之间的角度）。为此，将胶合板的一条边横靠在三个台阶的边缘，然后将水平仪垂直靠在板上，并在水平仪的边缘标记立柱线。

（2）勾画台阶轮廓

使用 4ft × 8ft 胶合板作为模板，在靠近边缘的位置做两个标记，使标记间距与楼梯对角线长度相等。在每个标记上画一条垂直于模板边缘的引导线，长度为 16in。

以模板边缘为底，以一条引导线为高，画直角三角形，较长的直角边在引导线的左侧，长度等于台阶的阶宽，较短的直角边的长度等于台阶的阶高。在另一条引导线上重复上述步骤。最后在每个台阶上距台阶边缘 4in 处标出立柱的位置。

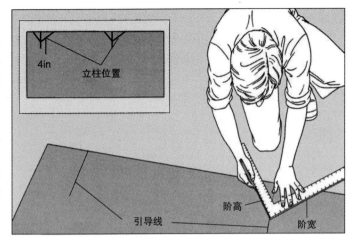

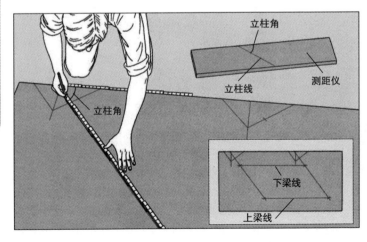

（3）绘制立柱

将折尺的一小段靠在测距仪的底部并使长段与立柱线对齐，从而复制立柱角度。将折尺移至模板上，使长段与台阶上标出的立柱位置重合，从而将立柱角度转移到模板上。在模板的另一个标记点重复以上步骤。在每个台阶上方将立柱线延伸 36in。

沿着两条立柱线进行测量，并标记下梁的高度（通常在台阶上方 6in）和上梁的高度（通常在台阶上方 34in）。在立柱线之间绘制水平线，以显示下梁和上梁的位置。

（4）定位弯曲点

在立柱线的上部，将直角尺的一边靠在立柱线上，另一线与上梁线相交。沿立柱线移动直角尺，直到边缘上的 4in 刻度与上梁线相交，在画出这条与立柱线和上梁线相交的线。在立柱线的底部附近重复该过程，画出与立柱和下梁相交的线。

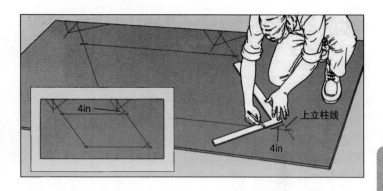

2. 零件的准备

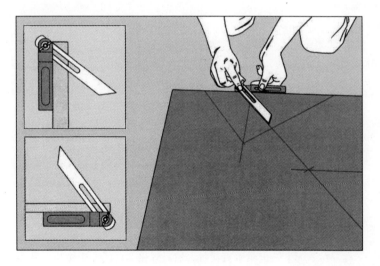

（1）加工立柱和下梁的斜面

要测量下立柱顶端角度，可将模板上的下立柱线向下延长，与模板边缘相交，形成一个角度。用角度尺记录该角度。将角度尺的手柄靠在立柱边缘，以使手柄和刀片之间的角度落在立柱的角上。用皂石笔在金属上做标记。

在与下支柱连接的下梁末端标记相同的角度，将角度尺的手柄沿下梁的底部边缘放置。用台虎钳将其夹紧，用 C 形夹具沿切割线固定金属直尺，用钢锯沿直尺切割，然后把毛刺或粗糙的地方锉掉。

（2）准备下梁和上梁

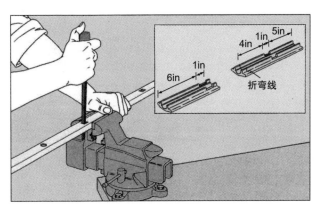

在槽钢上用"×"标记立杆的位置，然后在这些标记上钻直径为 9/16in 的孔。将槽钢固定在台虎钳中，然后用锥形方锉将孔锉平。

使用模板作为参考，标记上梁的缺口和弯曲处。在上横梁的凸缘上用两个相距 1in 的标记标出下立柱的位置，使第一个标记距上梁的一端 6in。在模板上，测量下立柱线到上梁的弯曲处的距离，减去 1/2in，然后在上梁上标出该距离。

在距折弯线 4in 处为上立柱做 2 个标记。使用便携式角磨机在立柱位置切去上梁的凸缘。如果没有便携式角磨机，也可不切，使用角焊缝将立柱固定在凸缘上。弯曲上梁的两端。用乙炔焊炬弯曲上梁以匹配模板上的角度，然后标记并弯曲通道。

3. 总装框架并安装竖杆

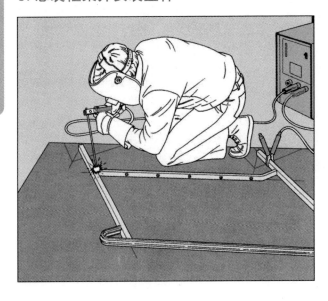

（1）焊接框架

将立柱、槽钢和上梁放置在模板上的相应位置。要将竖杆的位置从槽钢复制到上梁，可向上移动槽钢使其紧靠上梁，将槽钢上的孔对应标记到上梁，然后将槽钢放回原位。将电弧焊机的电流设置为 100A，焊接槽钢与立柱之间的对接焊缝，如有必要，调节电流以形成良好的焊缝。将槽钢和立柱支撑在废金属上，以使立柱的顶端与上梁垂直接触，然后焊接立柱的上边缘与上梁凸缘的对接焊缝。在立柱顶部进行角焊。翻转框架，焊接槽钢、立柱和上梁的对侧焊缝。

（2）焊接栏杆

让助手将框架稳固地倒置在上梁上。一次将一根钢筋插入槽钢中的孔中，用一只手将钢筋固定在上梁的标记处，而另一只手焊接钢筋与上梁凸缘之间的角焊缝。然后焊接立柱与上梁之间的角焊缝。

在槽钢凸缘内部，将钢筋的另一端焊接到槽钢上，然后焊接槽钢和立柱之间的角焊缝。清洁所有焊缝。将扶手的右侧向上，并检查其对齐方式。如有必要，可使用自制的弯曲工具将扶手冷弯以使扶手与立柱对齐。

4. 最后一步：楼梯围栏的安装

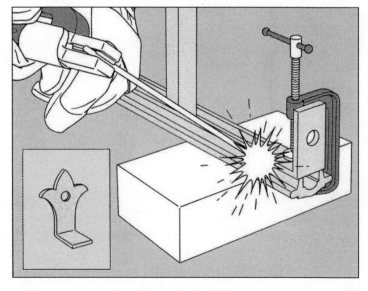

（1）把围栏固定在墙上

要将栏杆的水平端固定到墙上，可以在 1in 宽的角钢上钻一个孔来制作安装架，或使用装饰性安装架。让助手将围栏倒立在耐火砖上，用 C 形夹具将安装架固定在扶手的下侧，然后沿角钢的边缘焊接架子与扶手的对接焊缝。

要将栏杆固定在砌体墙上，可使用方头螺栓和膨胀螺栓。先用硬质合金砌体钻头在墙上钻一个孔，孔径与螺栓相匹配，然后用螺栓将安装架固定在墙上。

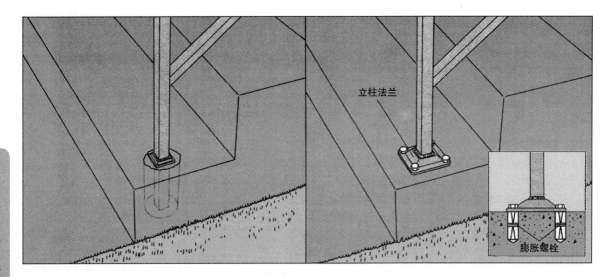

立柱法兰

膨胀螺栓

（2）固定立柱

要将围栏固定在混凝土中，应先在混凝土上钻 2in 深的孔，每个孔距台阶边缘 4in。使用可从租赁机构获得的带有硬质合金钻头的锤钻钻孔。将立柱安装在孔中，将围栏放正，并用 2～4 个木棒或金属杆支撑围栏，用锚固水泥填充孔。对于有贴面的混凝土楼梯，使用角焊缝将立柱法兰固定到每个立柱的末端。然后使用膨胀螺栓将立柱法兰固定在楼梯上。膨胀螺栓的孔是用硬质合金钻头钻的，孔的大小要与膨胀螺栓的外径匹配。

第4章 金属的铸造

金属铸造就是通过熔化金属并把它倒进模型中以获得产品的一种金属成形过程，是一种古老的工艺。该工艺适用于金、银、铜、铁、铝等各种金属，如各式各样的婚戒以及发动机缸体。

金属铸造有几种工艺，其成本、精度和表面质量又各不相同。砂型铸造既可以应用于工业生产，也适合业余爱好者采用。制作一个与将要铸出的零件具有相同形状和尺寸的模样，放入潮湿的型砂中并压实。然后取出模样，留下一个铸件型腔，将熔化的金属倒入型腔，冷却凝固，即可得到模样形状的铸件。虽然模样和型砂可以反复使用，但是每一次都必须靠模样来做出新的铸型型腔。

在砂型铸造中使用的型砂是一种特殊的砂子和黏土的混合物，有时也称为湿型砂。在使用之前，它必须经过调和，或者用水浸湿，并且要用毛巾覆盖。用手捏一捏，含水量适当的型砂就会形成一个实心块，掰开时干净利落地一分为二，不会有碎渣。

与型砂同等重要的是用于形成铸型型腔的模样。模样材料可以选择涂装木料或金属，由一件或两件构成。上下砂箱被分型面分开，分型面靠很小的定位销来连接。在砂箱未填满砂子之前，先把模样置于砂箱的底部，模样的外轮廓要逐渐变窄形成一个起模斜度，这个起模斜度有利于模样从砂型中顺利地取出，而不至于损坏砂型的棱角。

4.1 砂型

1. 安放模样

把下砂箱放在模板上，并使模样位于下砂箱的中心位置，模样的平面向下。在模样和下砂箱之间留出足够的空间，以便开设浇注系统——熔化金属流经的通道，然后在模样上均匀地撒上分型剂。

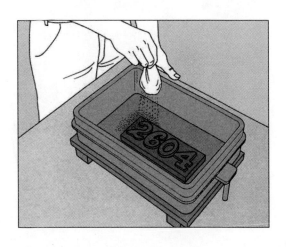

2. 模样覆砂

将型砂加入筛子中，筛出的砂子覆盖模样，既可以振动筛子，也可以用手按压砂子透过筛子，筛入约 1in 厚的砂子覆盖住模样，然后把筛子放在一边，用手指把模样周围的砂子按实，注意是从砂箱四边向中心方向按压。

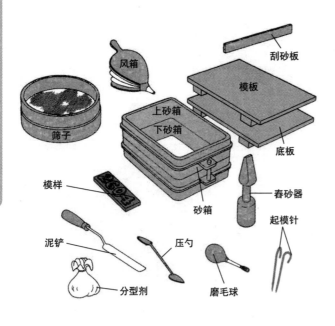

3. 造型工具

两个框架结构称为砂箱，用来容纳型砂，它的材质可以是钢、铝或木材。下面的称为下砂箱，上面的称为上砂箱；两个轻便的平台，一个是模板，另一个是底板，它们作为砂箱的临时工作台来使用。一个布袋装满了类似滑石粉的分型剂，可以撒在模样上及两个紧邻的表面，或是铸型的分型面，使它们达到更容易分离的目的。用一个筛子把型砂筛落到模样上，并用一个木制的舂砂器来捣实型砂。金属刮砂板被用来平滑、平整型砂的表面。

装满水的磨毛球用来润湿、紧实模样的边界，利于后续的起模操作；销钉可以旋入模样背面的螺纹孔中，有利于模样的起出。泥铲和分型剂、平滑器等小的修型工具一起配合使用，可以修复砂型的小缺陷。

4. 舂砂

　　往下砂箱中铲满型砂，用舂砂器捣实。开始时使用舂砂器的小端，从下砂箱的四周开始捣实，然后使用舂砂器的平头端，对下砂箱的中心部位舂实。虽然是对型砂压实，但不要过于瓷实，因为那样一来就会使气体不易排出。重复这一过程直到型砂的硬度略高于四周型砂的硬度。

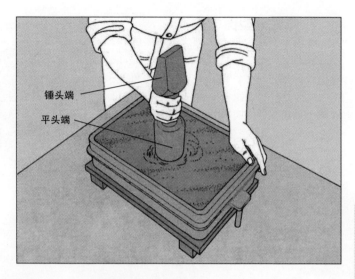

锤头端

平头端

5. 刮平型砂

　　把平直的刮砂板置于下砂箱的表面，紧贴着下砂箱的边棱来回刮动，使砂型的表面非常平整。然后把底板放在下砂箱上。这样就使这一半的铸型夹在模板和底板之间。

6. 翻转下砂箱

　　翻转下砂箱使之正面朝上，注意翻转过程中要牢牢地抓住模板和底板；如果下砂箱过大或过重，那么就使用工作台的边沿利用杠杆原理来翻转下砂箱。从下砂箱的顶面移开模板，露出了铸型的分型面和模样的底面。

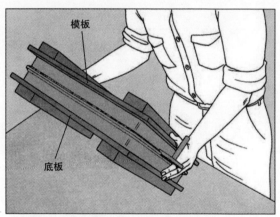

模板

底板

7. 修整分型面

用风箱吹走分型面上的少量游离散砂；使用修型工具抹平砂型中较为粗糙的地方或对松散的地方填砂，尤其是模样的边角处；在分型面处轻轻地撒上一些分型剂。估计出模样边角到下砂箱四边的距离（即吃砂量），制定出浇注系统的位置。

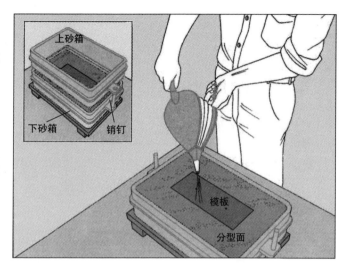

把空的上砂箱置于下砂箱之上，通过上砂箱上的定位孔安上下砂箱上的定位销，使上下箱的位置固定下来（嵌入），在模样的背面撒上分型剂，然后对上砂箱填充型砂，重复上述步骤。

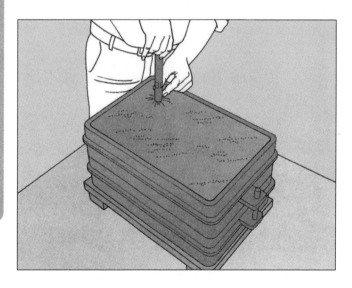

8. 钻出直浇道和冒口

为了钻出直浇道——金属液流过的通道，先测出上砂箱的高度，然后用胶带在钢管（直径为 3/4in 的薄壁钢管）上做出这个高度的标记；将此薄壁钢管垂直旋入上砂箱的型砂中，注意选择旋入的位置应确保钢管不会碰到下砂箱的模样。来回转动这个钢管在砂型中钻出一个贯通上砂箱的通道（即直浇道），当胶带标记抵达砂型表面时立刻停止转动。使用压勺在钢管周围的砂型中切出一个漏斗形状来（即浇口杯），将浇口杆的边缘倒角成斜面。然后拔出钢管及其中的砂子，这样就形成了一个金属液可以浇入的通道（即直浇道）。

同样，使用直径稍微大一些的钢管在模样的另一侧开出冒口，即过剩金属液流过的通道。

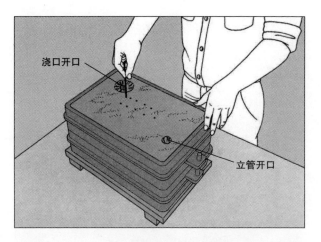

浇口开口

立管开口

9. 扎排气孔

使用一根直径为 1/16in 的金属条或自行车辐条，在上砂箱的型砂中扎出很多通道，以利于气体的排出。扎时要注意，距离模样上方半英寸时即刻停止，在模样区域扎出十多个排气孔即可。然后从下砂箱上搬走上砂箱，使之垂直放置，并置于不受干扰的位置。

10. 起模

从下砂箱起模之前，先要强固一下模样周边的砂型，即用磨毛球或小刷子蘸水润湿边界。这会有助于在起模过程中，保持砂型的形状不至于被破坏、塌陷。将起模针旋入模样背面的螺孔中，并轻轻地敲打模样，使之与砂型之间出现很小的间隙，然后平缓地上提起模针，小心地移出模样，并离开铸型型腔。

11. 开出内浇道

把薄钢片弯成 0.5in 宽的 U 形件，用它从型腔到冒口位置挖出冒口通道；注意每次挖出一点点型砂，使形成的通道尺寸略小于冒口直径，高度要小于型腔的高度；类似地，挖出型腔与直浇道之间的通道（即内浇道）。对于较大的铸型，可以在型腔的不同部位挖出几个内浇道或冒口通道。最后吹出或压实通道中的零散砂粒。

12. 精修铸型

用少量的湿砂修补铸型型腔中缺失的部分，并用压勺修光滑。同样吹走或压实型腔中零散的型砂，防止浇注时与金属液相混合（形成夹砂缺陷）。将上砂箱置于下砂箱上，完成合箱。仍旧放在底板上，并一起放在离熔炉较近的砂盘之中。如果不急于浇注，可以盖住直浇道和冒口，防止杂物落入。

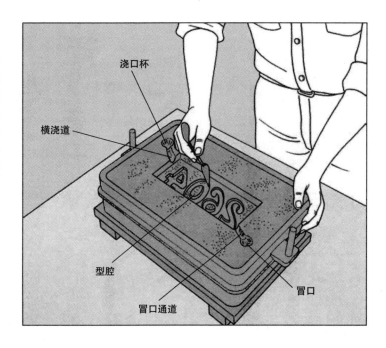

浇口杯

横浇道

型腔

冒口

冒口通道

4.2 熔化和浇注

金属的熔化温度范围很宽泛，尽管锡和锡钎料（锡锑铅合金）可以用电炉来熔化，但是大多数金属还是使用专用的熔炼设备。一个家用电炉可以在任何地方移动使用，但是熔炼用电阻炉却恰恰相反，它必须安装在远离人们生活区的地方，需要提供专用燃气和电器配件，也要考虑通风和排出废气系统。

因为它对大多数业余的金属加工从业者来说不是很常用的东西，且往往投资会很大，所以金属熔炼设施在职业技术学院或工艺美术中心常常是共用的。

金属的熔化温度与浇注温度不同，浇注温度也可以称为过热温度。浇注之前的温度必须足够地高于熔化温度，以确保金属不会在完成填充型腔之前凝固或结晶，过热度需要随着金属的种类、铸型的尺寸和形状而变化，复杂形状的铸型要比简单形状的过热度

高。但是金属过度加热会引起粗晶缺陷。

在金属加热过程中，杂质作为熔渣会上浮到表面而被撇去。每一种金属都有专用的化学粉末精炼剂，添加它有助于实现净化，但是精炼剂也会在熔体中产生气体，引起铸型内熔体的喷出或最终残留于铸件内形成气孔。

表 4-1 为砂型铸造安全规程。

表 4-1　砂型铸造安全规程

在浇注过程中，要有帮手协助完成，事先明确每个人的任务，整个浇注过程不要间断。一定要戴好皮手套、围裙和面罩，并穿上厚革鞋。把砂型置于砂盘当中，它可以接住浇注或坩埚溅出的金属液

第4章　金属的铸造

1. 熔化温度

（1）金属及合金的熔化温度

表 4-2 列出了 14 种常用的铸造金属及合金的开始熔化温度，单位是 °F（$1°F=\dfrac{5}{9}K$）。严格来说，金属熔体浇注必须放在炉内来完成，才能够达到高于金属实际熔化温度的要求。

表 4-2　金属及合金的开始熔化温度

金属及合金	开始熔化温度 /°F
锡合金	420
锡	449
铅	621
锌	787
铝	1218
青铜	1675
黄铜	1700
银	1721
金	1945
铜	1981
铸铁	2200
钢	2500
镍	2646
熟铁	2700

（2）熔化金属的设备

一个典型的燃气坩埚炉，由钢制外壳及里面的耐火材料构成，采用电子点火方式，温度可达 1200 ~ 2800°F（649 ~ 1538℃）。一台小的台式电阻炉，还没有咖啡壶大，但是温度可达 2000°F（1093℃）。

这两种炉均可使用石墨 - 黏土坩埚，金属在坩埚中熔化。某些坩埚可以从顶上浇注，某些坩埚可以从底下浇注。用钳子夹取金属块放入坩埚内，金属熔化

时，可以用热电偶来检测温度。

当金属熔化后，用坩埚钳从炉中提取坩埚，用坩埚架浇注金属液，它有单人使用和双人使用两种型号。浇注操作在一个大而浅的砂盘内进行，以防止有金属液溅出。一块石墨块放在砂盘中用来隔绝坩埚与砂盘，砂盘中除铸型之外，还包括一个铸锭模，用来盛装浇注后剩余的金属液。

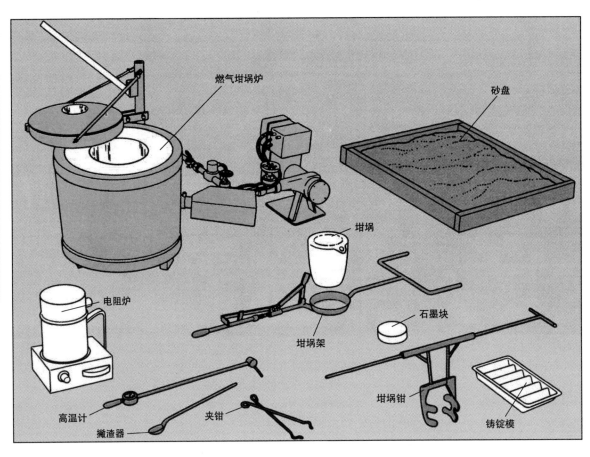

燃气坩埚炉

砂盘

坩埚

电阻炉

坩埚架

石墨块

坩埚钳

铸锭模

高温计

撇渣器

夹钳

2. 浇注

（1）使用燃气坩埚炉

　　点火之前，必须先往坩埚中装填好需要熔化的金属原材料（炉料），将坩埚放入炉中。坩埚不能装填过满。如果坩埚中的炉料装填过紧，炉料在加热过程中可能会膨胀导致坩埚破裂。让炉盖处于打开状态。点燃炉子时，首先打开鼓风机，然后部分地打开燃气阀，调节气阀直到火焰产生。关上炉盖，5min 后加大燃气和送风量，直到火焰释放最大热量为止。操作者要从熔炉的燃烧声中判断火焰是否达到最大热量，透过炉盖上的窥视孔观察火焰的颜色，如果仍为黄色火焰，则加大送风量。

　　当坩埚中的原材料逐渐熔化，则根据用量需求用钳子添加其余炉料，定时地透过窥视孔将热电偶探针插入金属熔体来检测熔体是否达到了浇注温度。

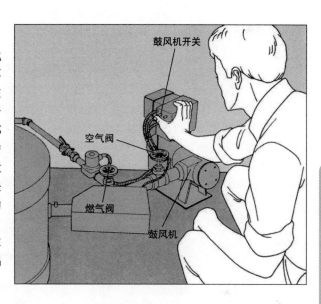

（2）取出坩埚

　　当金属液达到了设定温度，关闭炉子。从炉中取出坩埚之前，先在砂盘中放好坩埚架，里面垫好耐火石墨块，以便在合适的位置进行浇注，然后把坩埚钳套在坩埚上，在合适的位置锁紧，以一个平稳的动作，从炉中将坩埚移至石墨块上。解除坩埚钳的锁紧装置，把它放到远离浇注区的某个地方。

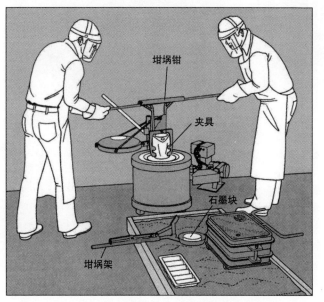

（3）撇渣（打渣）

使用撇渣勺舀出上浮到熔体表面的熔渣，主要是杂质和氧化物，倒在砂盘中的砂子上，然后投入精炼剂到熔体底部，用撇渣勺压住它并轻轻地搅动，熔渣会再次上浮出来，如前所述，舀出、倒掉。

如果使用底注式坩埚（浇包），就不需要第二次撇渣操作；如果使用顶注式浇注，熔渣也有可能留在表面的某个地方，那么它就起到一个保护层的作用，在这种情况下，可以让助手拿着一个挡渣棒（金属棒）阻止熔渣随流浇注。

（4）浇注金属

和助手一起提起坩埚架，按下前面的锁紧装置牢牢地勾住坩埚的边沿，抬起并倾转坩埚至铸型上方几英寸的距离，对准浇口杯快速、稳妥地浇注金属液，当金属液接近冒口的顶部时停止浇注；紧接着趁金属液还没凝固，将额外的金属液全部浇到铸锭模中；将铸型置于合适的地方，直至直浇道和冒口中的金属液凝固为止，可以用钳子来试探金属液凝固与否。

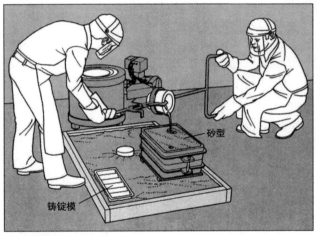

（5）清理铸件

当金属完全凝固，把砂型移至储砂区，戴好手套，分开上砂箱和下砂箱；用钳子夹出铸件。把砂型敲碎，将其倒入旧砂储存箱中。将铸件放在一边冷却，直浇道、冒口和内浇道原封不动留在其上面。

当铸件完全冷却，用钢锯等工具切掉内浇道，锉平表面粗糙的地方，把表面打磨成要求的状态。

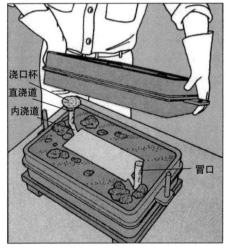

第5章 表面处理及修复

金属的闪光是由于其原子以一种特殊的方式结合在一起，形成了一个晶体网格。晶体网格非常小，只有用显微镜才能看到它们。这些微小的晶体反射出光线，并且在细微的表面划痕之间反射，这些划痕是精细研磨抛光或钢丝刷所留下的相对粗糙的凹槽。

如果不加以保护，晶体表面可能会很快被环境破坏。纯金属之所以很脆弱，因为它不再处于自然状态（一种通常包含氧或硫的矿石）。在冶炼过程中失去了这些元素后，大多数金属在暴露于空气中后会迅速与它们再次结合，发生氧化反应，在表面形成钝化的，有时是鳞片状的氧化层。

在某些情况下，该氧化层是有保护性的，阻止了金属与大气中物质的进一步反应，例如，铝表面的氧化铝可以阻止其下金属被继续氧化。但是对于大多数金属物体而言，表面氧化物可能会造成剥落或脱层，并使下面的金属进一步氧化。最常见的腐蚀是 $Fe(OH)_3$，这种铁锈在裸露的铁或钢上形成，像皮疹一样散开并剥落，使新金属受到腐蚀。每当金属被加热时，氧化过程就会加速。

在有水的环境中，金属会遭受另一种腐蚀——电化学腐蚀。就像在汽车电池中一样，水在金属及其氧化层之间充当电解质（一种导电物质）的作用。电子在两者之间传导，将下面的金属转化为氧化物并加速破坏。

尽管电化学腐蚀可能造成破坏，但它也可能起到保护金属的作用。当将钢浸入锌熔池中时，就会生产出镀锌钢（一种耐腐蚀的金属，现代的房屋建筑都会用到）。因为锌比钢更容易受到电化学腐蚀作用，所以它在一种称为阴极保护腐蚀的过程中代替了钢。即使钢由于锌表面的刻痕或划痕而暴露于腐蚀性物质中，它仍然会保持良好且无损的状态。

5.1 台式砂轮机的应用

在金属加工车间里，台式砂轮机几乎不间断地工作。它能使刃口变钝的切削工具变得锋利，比如錾子，还能重塑錾子打击头的硬度，錾子的打击头会因反复敲击而硬度变小。台式砂轮机对于去除金属上的粗糙斑点以及为焊接准备坡口和修整金属边缘也非常有用；它还配有抛光砂轮，给已完成的工件锦上添花。

标准台式砂轮机有两个砂轮，分别安装在电动机的两侧，另外还带有工具架和护目镜。砂轮由磨料（通常是氧化铝颗粒）和黏结剂制成。每个颗粒都像一个微小的切削刃，可以从正在磨尖或塑形的工件上去除金属颗粒。粗磨砂轮（额定粒度为 36 ~ 46 级）用于粗切削，细磨砂轮（额定粒度为 60 ~ 100 级）用于磨锐。

不幸的是，由于台式砂轮机的高速运转，它也会损坏工具。磨削时的摩擦产生了大量的热量，从而降低切削刃的硬度。在砂轮机上进行修整的工具绝不允许加热到使它变蓝的程度。为了防止这种情况的发生，大多数台式砂轮机都有一个水罐，可以将工具浸入其中冷却。

经过多次使用，砂轮表面会在以下三种方式中的任何一种失效：磨料颗粒变钝，给砂轮一个釉面的外观；颗粒之间的空隙会充满金属碎屑；砂轮表面会出现凸起和沟槽。

如果发生上述任何一种情况，则必须对砂轮进行处理——刮掉损坏的表面，并露出未使用的磨料颗粒。可以根据需要重复此过程，直到砂轮直径减小1in 为止。有多种机器可以完成砂轮表面的改进，其工作步骤为剪切或修整、校平或平整。最常见的是星形砂轮修整器，这是一种一端装有星形淬火钢圆盘的装置。

若砂轮产生碎屑或裂纹，必须立即更换。有裂纹或缺口的砂轮，甚至是掉在地上没有明显损伤的砂轮，都可能在全速运转时炸裂成碎片。为了防止这种危险的发生并避免金属研磨时产生火花和沙粒，务必将研磨机上的防护罩放下，并戴上护目镜保护眼睛。

1. 錾子的快速修复

（1）布置刀架

松开固定刀架的翼形螺母，然后将錾子平放在刀架上。调整刀架的角度，直到錾子的切削刃的一个斜面与砂轮的表面齐平，位于砂轮上半部分的一点。检查并确保刀架的前边缘距离轮盘面不超过 1/8in，然后拧紧翼形螺母并卸下錾子。

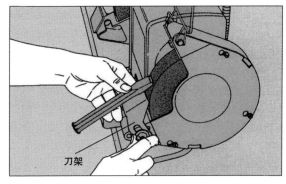

刀架

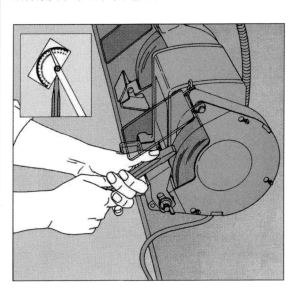

（2）磨削切削面

打开砂轮机，然后在砂轮达到全速时，将錾子放在刀架上。使切削刃的一个斜面与轮盘表面轻轻接触，然后左右缓慢移动錾子。先研磨一个斜面，再研磨另一斜面，经常将刃口浸入砂轮机的水罐中冷却。

检查斜面是否光滑、均匀，然后用量角器检查切削刃的角度，两个斜面的夹角应为 60°。

（3）修复錾子的打击头形状

在砂轮机运转的情况下，将錾子与砂轮面成45°，并使打击头的斜端与砂轮接触。顺时针缓慢旋转工具以去除变形的金属，将刀头向内倾斜约15°。频繁冷却以防止金属变热。高温时将其冷却会使末端回火并变脆，因此用锤子敲打时可能会碎裂。

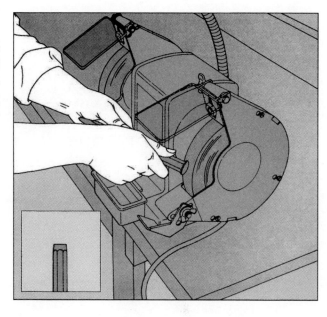

2. 修复样冲

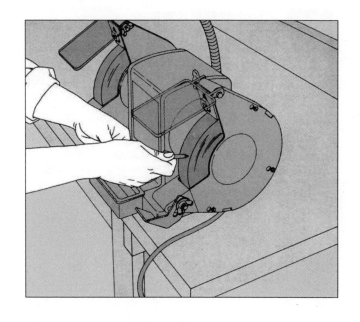

磨削角

打开砂轮机，使样冲的锥形点与砂轮接触。将样冲顺时针缓慢旋转 360°，然后使用量角器检查圆锥的角度。对于中心冲，它应该是 90°；对于点冲，它应该是 30°。继续磨削直至角度正确，需要经常冷却以免过热。

3.修复破损的砂轮

（1）调整刀架

　　松开刀架的翼形螺母，然后将刀架从砂轮机滑开，直到星形砂轮修整器的头部能够插入刀架和砂轮之间。

　　关闭电动机后，确保修整器头部的下唇钩在刀架边缘上，然后拧紧翼形螺母。

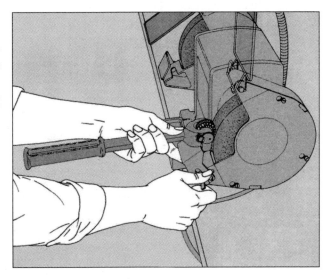

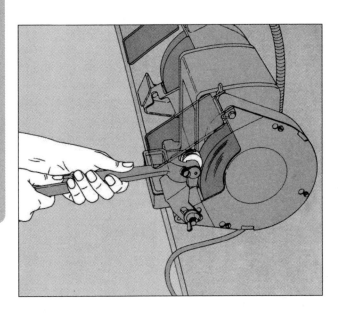

（2）修整和修整砂轮

　　打开砂轮机电源，用双手紧紧握住修整器手柄，然后慢慢抬起手柄，降低切削头，直到切削刃与砂轮面完全接触。用力均匀地施加压力，慢慢地左右移动切削头，调整工具上的压力，使其产生最小的火花。继续切割砂轮，直到露出一层新的粗砂为止，偶尔停止砂轮以检查进度。正确修整后，轮面应具有均匀的颜色，且没有金属或闪亮的斑点。停止砂轮机，用手指滑过砂轮表面，应该感觉不到凹槽或凸起点。

4. 安装新砂轮

更换砂轮的顺序

　　砂轮通过两个金属法兰固定在主轴上，金属法兰与压在砂轮两侧的缓冲纸垫相配合。组件由螺母固定。右轮上的螺母逆时针方向松开，左轮上的螺母顺时针方向松开。拧在砂轮机上的砂轮保护罩保护着砂轮的外表面。

　　在安装新砂轮之前，检查其是否破裂或碎裂。要测试其是否存在隐藏的缺陷，将砂轮悬挂在定位销或铅笔上，然后用螺丝刀的手柄轻轻敲击砂轮表面。正常应该会听到像铃铛一样的声音。如果砂轮良好，则按上述方法进行安装，并拧紧螺母以防止其打滑。

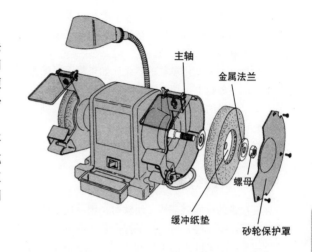

主轴
金属法兰
螺母
缓冲纸垫
砂轮保护罩

5.2　抛光和磨光

　　通常制造的最后一步是对金属进行抛光，以去除沉积物、沟槽和因钎焊、焊接及切割留下的表面瑕疵。通常从粗磨料到细磨料逐步进行，可以获得光滑的表面，然后可以采用多种方式对工件进行抛光。如果要对金属进行喷漆，则通常会对其进行预处理，以提供可黏附油漆的颗粒状表面。如果要使金属裸露，则可以将其抛光至较高的光泽，甚至最终光泽，或者可以使用专门的抛光技术（拉丝、粒化、喷丸和点抛光）对其进行纹理处理。拉丝和粒化可产生细密的缎面效果，但这两种工艺通常用于特定的金属。例如，通常对铝和黄铜进行拉丝处理，而粒化则是一种恢复磨损的不锈钢表面的有效技术。喷丸处理可以在金属表面留下反光的凹坑。可以使用手持钻头或配有木制销钉的钻床进行点抛光，在金属表面留下反光的圆圈。

　　通常可以用手工砂布、金刚砂布、磨料粉或钢丝棉逐步将金属表面从粗糙变为光滑。但是电动工具可以加快作业速度。最快的抛光工具可能是喷砂机，该工具特别适用于大面积工件喷漆前的粗加工。喷砂机使用重砂时，可以快速清除锈迹、氧化铝和旧漆等；而使用轻砂时，则会产生非常精细的抛光效果。

　　其他能有效抛光的电动工具包括标准的手持式电钻和台式砂轮机。手持式电钻上可以安装金属抛光附件，例如砂盘、钢丝刷和抛光轮。台式砂轮机的硬质砂轮可以用布、皮革或毛毡轮代替。对于更高的要求，还有专门的手持式和固定式电动抛光机。

　　抛光前，先在抛光轮上涂抛光剂。有四种天然材料——熔岩、石灰石、红粉和白垩粉可作为抛光剂。熔岩（由熔岩粉末制成）和石灰石（由分解的石灰石制成）用于初步抛光。由红色氧化铁制成的红粉和由粉化白垩制成的白垩粉则用于精细抛光，能使金属达到很高的光泽度。

这些抛光剂和许多其他的商业抛光剂都以块状或棒状的形式出售。使用时要顶住砂轮涂敷。应谨慎使用，以免在砂轮上以及最终在工件上堆积过多。如果发生后一种情况，则可以用酒精或热水和苏打水清洗工件，以去除多余的抛光剂。

每种抛光剂应使用单独的砂轮。如果将不同的抛光剂用在同一砂轮上，那么它们将互相抵消特殊研磨效果。出于同样的原因，每当从一种抛光剂切换到另一种抛光剂时，都应如上所述清洁工件。

在抛光之前，应先剥去工件表面的保护性漆膜，制造商通常会在金属表面涂上保护漆，以防止暴露于空气中的金属被氧化。这些漆膜可以用稀释剂除去，然后用干净的软布擦拭工件。

为安全起见，抛光作业时要始终将工件顶在砂轮的前下部。如果将其靠在砂轮顶部，则工件可能会从手中脱落，并可能飞起来击中人。用电钻抛光时，应确保工件被牢固固定。在喷砂处理过程中，要始终遵循制造商的说明进行操作。喷砂处理时需要佩戴口罩和眼罩。

1. 用喷砂机进行粗抛光

在要喷砂的金属底部放一块软布，用一只手紧紧握住喷砂器的喷壶底，另一只手握住手柄和扳机。将喷砂嘴保持在距工件表面 1 ~ 2ft（1ft = 0.3048m）的位置，用喷嘴对准并扣动扳机，将磨料直接喷向金属。向上和向下移动喷壶，直到表面的一个区域被清理干净，根据需要向喷壶中添加新的磨料。为了使表面更光滑，可以将在软布上收集的用过的磨料重新装入喷壶罐，然后再次对同一区域进行喷砂处理。当磨料经过反复使用变得更细时，金属的表面纹理会变得更光滑。

2. 用抛光轮进行精细抛光

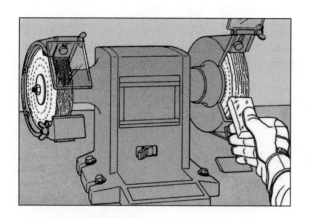

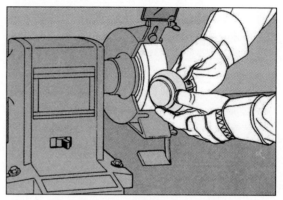

（1）准备抛光砂轮

戴上手套保护双手免受摩擦产生的热量伤害，在抛光轮旋转时，将抛光剂棒紧靠抛光轮的前下部。将抛光剂轻轻均匀地涂在砂轮上。

（2）抛光金属

双手紧紧抓住要抛光的工件，然后轻轻地将其保持在抛光轮的前下部。不断地前后移动物体，并转动它，以确保整个表面光滑、均匀。当表面粗糙度均匀时，清洁金属，并根据需要更换为涂有精细抛光剂的砂轮。重复抛光步骤，抛光后再次清洁金属。如果需要更低的表面粗糙度值，将砂轮更换为涂有更细的磨料的砂轮，再次抛光并清洁金属，最后用没有任何磨料的带轮抛光。

5.3　用加热或化学方法改变金属的颜色

利用热量、化学物质和电可以改变许多金属的颜色或使一种金属看起来像另一种金属。这种工艺的实际应用主要涉及装饰和翻新小物件，如开关板和门把手，或对铜屋顶的防水板或窗框做仿古处理。

任何含铁的金属，尤其是钢，都可以用普通厨房炉灶来加热着色。根据温度设置的不同，钢材会在从浅黄色到深蓝色的色谱范围内变色。此外，数百种化学物质会改变金属表面的颜色。其中一些对业余爱好者来说毒性太大，不能使用，例如氰化物、硝酸、铬酸、氯化汞和乙酸铅。还有一些可以从业余爱好商店、药店和化学品经销商那里买到的，可以安全地使用。

有两种用化学物质上色的方法。为了获得最均匀的涂层，应将物体浸入化学浴中。当物体太大而无法浸入或无法移动时，可以用刷子涂。将化学药品混合在玻璃或瓷容器中。为了安全起见，应始终戴上橡胶手套、橡胶围裙和护目镜，并在室外或带风扇的室内作业。当准备处置使用过或未使用的化学药品时，应咨询当地的污染控制部门。

经电镀着色的金属具有最耐用的涂层。电镀工艺适用于所有金属，它是将包含带正电的金属颗粒的电镀液刷到带负电的金属表面，从而使金属表面与带正电的金属颗粒相结合。可以使用 12V 的汽车电池为金属表面和电镀液充电，从手电筒电池中取出的碳芯可用作电镀刷。电镀液可采用多种金属，最常见的是黄铜、镍、银和铬，以及能产生不同颜色的合金。

无论采用哪种着色方法，都必须先清除掉工件表面的任何氧化物。首先用水和洗洁精清洗工件表面，然后彻底冲洗并将工件短暂浸入 1 份硫酸兑 10 份水的酸洗溶液中，最后用水冲洗。为确保操作安全，戴上橡胶手套、护目镜和橡胶围裙。稀释硫酸溶液时应始终将硫酸缓慢倒入水中，切勿相反。

有两种方法比用酸清洗的危险性小，但效果也差。可以用浮石研磨掉氧化层，也可以刷上助焊剂以溶解氧化层。使用助焊剂后，要用肥皂和水冲洗残留物。但是无论使用哪种方法清洁工件表面，清洁之后都必须对其进行测试。当金属清洁到足以着色时，将水洒在金属表面，不会形成水珠。

1. 用烤箱来做有色钢

选择正确的温度

为想要的颜色设置烤箱温度，以表 5-1 的数据作为指导。用烤箱温度计监控烤箱温度，确保在加入物料之前已经达到正确的温度，定时检查物料，当金属的温度达到烤箱的温度时，金属就会变成所需的颜色。

可以先停止着色，然后再恢复着色，但绝不能逆转。如果钢的颜色超出了所需的颜色，则必须使用磨料抛光剂去除金属表面，然后重新开始。

表 5-1　颜色对应的温度

颜色	温度 /°F
非常淡的黄色	430
浅黄色	440
淡稻草黄色	450
稻草黄色	460
深稻草黄色	470
深黄色	480
黄褐色	490
棕色	500
斑点红褐色	510
紫棕色	520
浅紫色	530
紫色	540
深紫色	550
蓝色	560
深蓝色	570

2. 使物体悬浮在溶液中的方法

安全地浸泡金属

　　把一个玻璃烧杯放在一个塑料平底盘上，塑料平底盘要足够大，如果烧杯坏了，它可以盛下着色溶液。将尼龙线的一端连接到金属物体上，另一端连接到一段足够跨越容器顶部的金属支架上。尼龙线应足够短，以保持物体悬浮在染色溶液中。将物体放入溶液中，直到达到想要的结果。然后把它拿出来，按照表5-2的要求清洗。为了保护干燥后的表面，可以刷或喷一些透明漆在金属表面。为了突出细节，在涂装前用细钢丝棉摩擦新着色表面的这些区域。

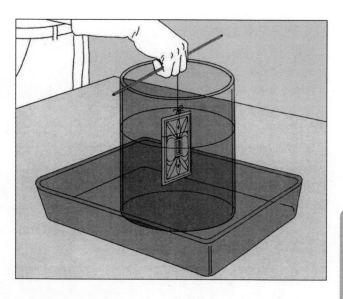

表 5-2　铜、钢、铁、铝合金着色配方

	铜、黄铜和青铜	钢、铁	
红色	将 1 茶匙的碳酸铜，10 茶匙的家用氨水和 1 茶匙的碳酸钠混合到约 1L 沸水中。将要着色的金属浸入其中，直到金属变成鲜红色。首先在冷水中冲洗金属，然后在酸洗溶液中冲洗，最后用冷水冲洗	黑色	将 3/4 杯单宁酸加入约 1L 冷水中。将金属浸入溶液中直至变黑，然后用冷水冲洗
绿色	将 3 份碳酸铜和 1 份氨水 (一种焊剂)、1 份醋酸铜、1 份酒石粉和 8 份醋酸混合。将溶液刷在金属上；要过几天才会出现风化后的绿色铜锈	**铝合金**	
棕色	混合 2 茶匙硫酸钾、3 茶匙碱液和约 1L 热水。将金属浸入该溶液中，直至达到所需的颜色，然后用冷水冲洗金属	所有的颜色	将物体浸入 2 汤匙碱液和约 1L 冷水的溶液中，浸泡 1 ~ 2min。然后将金属浸入想要颜色的家用染料中，根据制造商的说明混合。当达到所需的颜色时，用冷水冲洗
黑色	在约 1L 冷水中混合 1 大汤匙硫酐和 4 茶匙氨水。将金属浸泡在溶液中，直到达到所需的颜色，然后用冷水冲洗金属		

3. 电镀金属

（1）构建电镀设备

　　使用电池电缆，将要电镀的金属物体连接到 12V 汽车电池的负极。然后从 D 型电池（手电筒中使用的电池）中抽出碳芯，制成电镀刷。用锤子敲开电池，取出碳芯，然后将电池电缆夹在碳芯的一端。将消毒后的棉花缠绕在碳芯的另一端，用绝缘胶带固定棉花。用胶带粘住碳芯的其余部分和夹子，为电镀刷提供保护性手柄。最后将电镀刷电缆的另一端夹到汽车电池的正极。

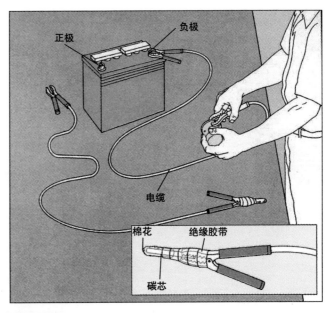

（2）电镀金属

　　戴上橡胶手套，将电镀刷浸入电镀液中 5s，直至棉签尖端饱和。用棉签尖端接触金属物体的表面，然后以圆周运动将溶液散布在较小的区域约 25s。重复此过程，直到镀满整个表面。

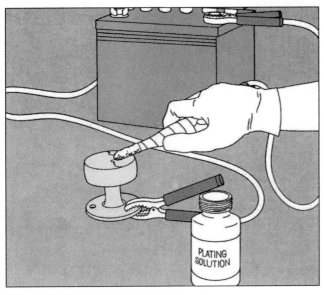

4. 寻找黄金：古代炼金术

尽管今天对人们来说，通过电镀将钢转变为金的过程看起来似乎很了不起，但它可能不会使我们的祖先震惊：他们一直被要求在炼金术领域取得突破，炼金术是一种将低廉金属转化为金的神秘方法。从公元 1 世纪到 17 世纪，全世界的学者都为实现这一梦想而努力。当然，炼金术士从未成功，但他们帮助发展了许多冶金技术。

中国古代的炼金术士提出了一种想法，认为在低廉金属中加入一种特殊的物质可以带来想要的变化；找到这种被称为"仙石"的物质，成了炼金术士们的目标。

几位炼金术士提出了这样的理论：将低廉金属转化为黄金需要 12 个步骤，其中包括用蒸馏使主体物质分解，从而释放其元气；甚至占星术也起到了一定作用，炼金术士有时会安排特定的步骤，以配合他们认为适当的天象。

大多数炼金术士都是出于诚恳的动机——追求自然的真理，或寻求减轻贫困的方法。然而有些人则是一夜暴富的艺术家，他们通过伪造变形术来欺骗富有的信徒。通常，江湖骗子会在熔炉里煮沸一坩埚的水银，然后加入一些号称是仙石的白垩粉或铅粉，以此来欺骗他人。在这种混合物里，他加了一块煤炭，煤炭中偷偷地装满了用蜡包住的金粉。当蜡融化的时候，金子就从煤里出来了；与此同时，水银蒸发了，金子留在了坩埚里。惊讶的围观者急切地支付了一大笔钱来得到配方，而假炼金术士却很快离开了小镇。

尽管炼金术士们自己的存活率低得可怜，但那些声称亲眼看见转变的著名人士的证词使伪科学得以存活。一些人因为拒绝泄露他们的商业秘密而掉了头，一些人因为自己搞出来的有毒气体而死亡，还有一些不幸的江湖骗子被处以绞刑。

大约在 1600 年，随着现代科学及其系统的观察方法的建立，炼金术逐渐消亡。但到那时，炼金术士们已经留下了无价的遗产：不是黄金，而是镀金、铸造和合金的方法，这些方法至今仍被冶金学家们使用。

一个正在作业的炼金术士

在这幅 17 世纪的木刻作品中，一位炼金术士混合了他希望能变成黄金的原料。其他物质在他的试验熔炉中冒泡，这一熔炉可称为"炼丹炉"。

5.4 腐蚀的预防和修复

尽管金属的韧性很好，但它们的表面总是会受到损伤：凹痕、孔洞、锈蚀和污点几乎可以使任何金属受损，通过仔细的保护或简单的修复，就可以保留或恢复原始的光泽。

最常见的金属破坏物是大气。空气中的氧气和盐、酸等化学物质与金属表面发生反应，使其光滑的表面变成片状。最普遍的腐蚀形式是生锈，这是潮湿的空气与铁和钢相互作用形成水合氧化铁的结果。镀锌金属也会生锈，但速度要慢一些，除非镀锌层被损坏。黄铜、银和青铜在与大气相互作用时会失去光泽。铝会氧化成一种白色氧化物，但这种氧化物会与金属发生化学结合，阻止进一步的腐蚀。

为了防止铁栏杆、排水沟、金属屋顶和类似的东西被腐蚀，它们的表面必须通过保护涂层与空气隔绝。这些保护涂层主要是油漆及其底漆，也可用蜡、油和生漆。

底漆是一种特殊的油漆，用于隔绝空气，同时起到桥梁作用，使面漆更加坚固耐用。有些底漆磨得非常细，甚至能渗透到金属中。还有一些含有针对特殊情况或某些金属的添加剂的底漆，如包含精细研磨硅酸盐水泥的油性底漆，可保护钢铁；一种富锌底漆，可在裸露的金属上像镀锌层一样保护金属；锌粉底漆，可以在镀锌钢的锌层和面漆之间起桥梁作用。

1. 用底漆和油漆保护金属表面

合适的涂层

表5-3列出了常用金属适用的涂层，包括底漆、油漆和清漆。当购买油性漆、醇酸漆或乳胶漆时，可选择一种专门针对金属而配制的涂料，并根据工作需要选择指定用于室内或室外的涂料。当将底漆与油漆一起使用时，可选择兼容的底漆和油漆。如果有疑问，可咨询油漆经销商。

制造商也生产组合底漆-面漆，有时称为金属

表5-3　常用金属适用的涂层

金属	涂层																				
	油性底漆	醇酸底漆	乳胶底漆	油水泥底漆	富锌底漆	锌粉底漆	铝粉漆	混合底漆/油漆	亮油漆	亮醇酸油漆	亮乳胶漆	哑光油漆	哑光醇酸底漆	哑光乳胶漆	环氧漆	聚氨酯漆	环氧清漆	聚氨酯清漆	丙烯酸清漆	矿物油或亚麻油	丙烯酸或糊状蜡
铁或钢	●	●	●	●	●			●	●	●					●	●			●	●	
镀锌金属	○	○	○	●	●	●															
铝	●	●	●				●	●		●	●	●	●	●	●	●			●		
铜、青铜或黄铜		●				●									●	●	●	●	●		●

注：● 表示指定金属的兼容涂层；○ 表示为镀锌金属配制的类型。

漆，主要用于钢铁。这些油漆将底漆和彩色面漆结合在一起，但它们不像将普通油漆涂在底漆上那样耐磨。

用于金属的面漆有标准类型（乳胶漆、油性漆和醇酸漆），但它们是经特殊配制的，包含腐蚀抑制剂，而不是木材用漆。此外，聚氨酯漆和环氧漆都具有很强的耐化学性和耐候性，可以用在金属上，但需要小心聚氨酯蒸气。环氧树脂装在两个容器里，一个容器是树脂，另一个容器是硬化剂，在使用前混合。好的防水涂料是一种添加了铝粉的油漆，它可以用于几种金属，包括铝。铝不需要喷漆，但如果不处理的话可能会产生凹痕。

在透明面漆中，环氧树脂和聚氨酯清漆提供了特别耐用的涂层。工业上应用于门五金件等产品上的油漆耐久性较差，使用漆稀释剂可以轻松去除磨损的涂层，然后再涂上新的涂层。油是工具的良好涂层，尽管它们会很快磨损，但很快就能重新涂上。蜡和清漆可用于铜和铜合金，以防止变色；丙烯酸蜡通常比糊状蜡耐磨损，并且更清洁。

为了获得最佳的涂层保护，必须清除金属表面所有的锈迹、污垢、残留漆膜或污点。化学剥离剂是银和黄铜的首选清洗剂；对于钢铁，用刮漆器、钢丝刷或砂布打磨表面，直到表面干净，可能会更快。要涂覆涂层，可以用刷子、滚筒、喷壶、喷枪或布来完成；对于异形铁栏杆，可以用衬有塑料手套的涂刷器直接蘸取油漆，而不会弄脏手。

凹痕和孔洞也会损坏金属表面，但可以使用简单的技术来修复。薄金属或装饰性金属上的凹痕通常可以用锤子敲成原来的形状。如果仍然有凹凸不平的地方，则必须重新加热受损区域，并对金属进行重塑。

涂漆表面（通常是钢铁）上的凹陷和孔洞可以用汽车车身填充剂填充，这种填充剂成套出售，包含涂抹器、玻璃纤维筛网和环氧树脂。填充后进行打磨，然后涂上与周围金属相同类型的底漆和油漆。对于大孔，用焊接的方法进行补焊是最好的补救办法。

2. 用钢丝刷去除锈蚀和污垢

使用电钻

将钢丝刷连接件安装到电钻上，并戴上护目镜，高速研磨金属以清除铁锈和松动的油漆，直到表面光滑为止。无须去除仍然粘合良好的油漆。使用杯形或纺锤形的钢丝刷清洁内部弯曲和其他复杂的金属制品。金属光滑后，如果想让它更光滑，可以用碳化硅砂布打磨，砂布的粒度从 40号（粗）到 320 号（特细）。打磨好后，用蘸有酒精的软布擦拭表面，然后涂上所选择的涂层。

3. 给小洞打补丁

（1）预处理孔

用粗砂布打磨金属孔周围至少 1in 宽的边界，以除去周围金属的油漆、铁锈、油和污垢，保持表面粗糙但要干净。在金属的背面，使用油灰刮刀或涂抹器在孔的边界涂上环氧树脂填料，环氧树脂要按制造商指定的方法进行混合；然后用油灰刮刀切出一块比金属孔直径大1in 的玻璃纤维筛网，将其边缘压入环氧树脂。按照制造商的说明，使环氧树脂固化。

（2）填孔

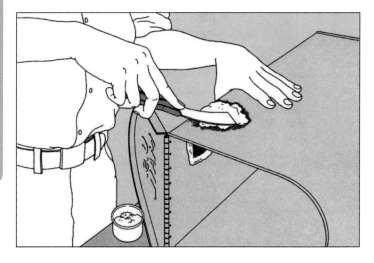

从正面作业，可使用涂抹器、油灰刮刀，甚至硬纸板，从正面将环氧树脂覆盖在玻璃纤维筛网上。涂抹环氧树脂，直到孔被填满；然后在金属表面上方堆积环氧树脂，使其与孔的边缘稍微重叠，并使环氧树脂固化。

（3）打磨补丁

使用粗糙的（约40号）碳化硅砂布，将堆积的干环氧树脂打磨到周围金属的水平。用电动砂轮机可以加快作业速度；然后依次用80号、200号、300号的砂布进行打磨，直至补丁像玻璃般光滑。

（4）喷涂补丁

用蘸有酒精的软布擦拭补丁来清除灰尘和沙砾，将底漆喷涂在补丁上，将喷壶保持在距离金属表面大约6in的位置，以直线（而不是弧线）缓慢地左右移动。

4. 修补一个大洞

（1）制作金属补片

要修复一个大洞，如镀锌铁皮屋顶上可能出现的洞，可以切出一块面积2倍于洞口的金属板；在金属板上画一个矩形，使它的边缘超过孔的边界1in，剪去四个角，然后将一条边放在木块下面，并向上拉金属板，将边缘折弯，四边同样操作。再用圆头锤将四边向中心折叠并敲平。

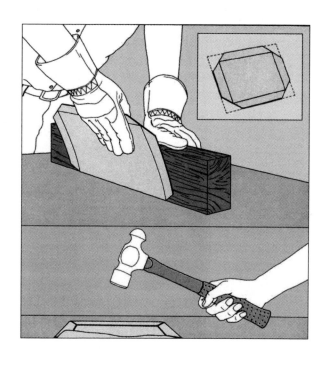

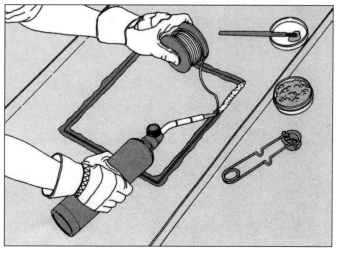

（2）用丙烷焊炬焊接

按照58页和59页的方法为补片清洁和镀锡，要清除孔周围2in的油漆、油、污垢和铁锈。把补片贴在洞上，然后用锤子轻轻敲击边界，使之与周围的金属相贴合。在边缘涂上一层薄薄的钎剂，用丙烷焊炬进行钎焊，在钎焊之前加热金属。确保焊锡层是光滑的，并与接合处的四边完全重合；焊好后将边缘擦拭干净，并在整个区域涂上防锈底漆，然后再涂上面漆。

5. 锤打小凹痕

（1）使用沙袋

　　在容易触及的凹痕处垫上装满沙子的塑料袋或布袋，然后用木锤或橡胶锤轻敲凹陷处，直到金属恢复到原来的形状。

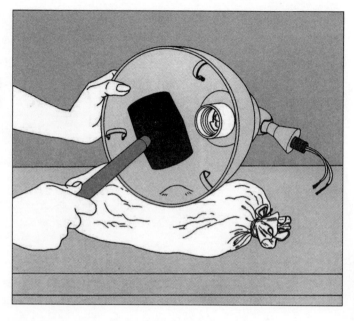

（2）使用木桩

　　如果不能直接敲击凸起处，可用台虎钳夹住一根木桩。把有凹痕的物体放在木桩上，这样就可以把凹痕压在木桩的顶端。用圆头锤轻敲木桩的侧面，木桩的振动会逐渐把凹痕敲平。

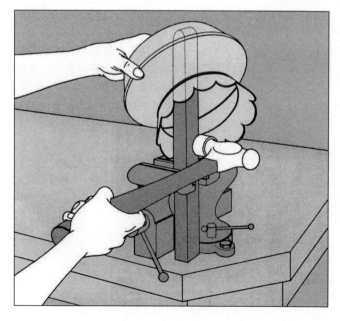

6. 不可被锤打的凹陷填充物

（1）钻锚孔

如果是双层金属结构而无法用锤子或木桩到达凹痕的背面，则用砂布打磨凹痕及其周围 1in 的区域，以露出金属。在凹痕上钻一个直径为 1/8in 的孔，间距为 1/2in，注意不要钻穿内层金属。

（2）涂抹填料

用油灰刮刀或其他工具将环氧树脂混合物填满凹痕，并将其压入钻好的孔中，使部分环氧树脂扩散到无法接触到的一侧金属。填料的高度应略高于周围金属的表面，并与凹陷区域的边缘重叠。让环氧树脂完全固化，然后用砂布将其打磨到原始表面的水平，最后按照 123 页的方法清洁填料并上漆。